高职高专“四真课程”活页教材

中药制药设备维护管理实训

（供中药制药、药物制剂技术、制药设备应用技术等专业用）

主　编　龚　伟　邹隆琼

副主编　唐大芳　王本建

编　者　（以姓氏笔画为序）

王本建（重庆三峡云海药业股份有限公司）

朱小龙（重庆三峡医药高等专科学校）

吴永玖（重庆三峡云海药业股份有限公司）

邹隆琼（重庆三峡云海药业股份有限公司）

周志建（重庆三峡云海药业股份有限公司）

唐大芳（重庆三峡医药高等专科学校）

黄公俊（重庆三峡云海药业股份有限公司）

龚　伟（重庆三峡医药高等专科学校）

喻　超（重庆三峡医药高等专科学校）

管发令（重庆三峡云海药业股份有限公司）

中国健康传媒集团

中国医药科技出版社

内容提要

本教材是根据国家对“双元”教材开发要求以及中药制药设备维护管理实训教学标准，校企合作编写完成。教材重构了编写体系，内容涵盖设备的维护管理相关技能点，选取中药制药生产企业常用的全自动胶囊充填机为载体，设置了设备的采购、验收、运行确认、性能确认、资料建档、规程编制、定期保养、常见故障判断和排除等实训项目。此外，教材还针对中药制药生产企业常用的空调净化和纯化水生产两大公用系统设备设置了操作和维护保养实训项目，满足了中药制药企业各类型设备的维护管理教学需求。

本教材主要供高等职业院校中药制药、药物制剂技术、制药设备应用技术等专业教学使用。

图书在版编目（CIP）数据

中药制药设备维护管理实训 / 龚伟，邹隆琼主编. —北京：中国医药科技出版社，2023.12
ISBN 978-7-5214-4371-4

Ⅰ.①中…　Ⅱ.①龚…②邹…　Ⅲ.①中草药加工设备—设备管理—高等职业教育—教材
Ⅳ.①TH788

中国国家版本馆CIP数据核字（2023）第233182号

美术编辑　陈君杞
版式设计　友全图文

出版　**中国健康传媒集团** | 中国医药科技出版社
地址　北京市海淀区文慧园北路甲22号
邮编　100082
电话　发行：010-62227427　邮购：010-62236938
网址　www.cmstp.com
规格　787 × 1092mm 1/16
印张　7 1/2
字数　166千字
版次　2023年12月第1版
印次　2023年12月第1次印刷
印刷　北京京华铭诚工贸有限公司
经销　全国各地新华书店
书号　ISBN 978-7-5214-4371-4
定价　39.00元

出版说明

近几十年来，我国职业教育改革取得了巨大的进展与成就，尤其是《国家职业教育改革实施方案》《关于深化现代职业教育体系建设改革的意见》等指导性文件的出台，为中国职业教育走向世界指明了道路与方向。但普遍而言，职业教育教材的开发与研制仍然任重道远。《国家职业教育改革实施方案》明确指出“建设一大批校企‘双元’合作开发的国家规划教材，倡导使用新型活页式、工作手册式教材并配套开发信息化资源”。《关于深化现代职业教育体系建设改革的意见》也提出“优质教材建设将重点面向战略性新兴产业、先进制造业、现代服务业、现代农业等领域，深化产教融合、协同育人，科学严谨、内容丰富、形态多样、反映行业前沿技术，鼓励行业牵头或行业、企业、学校等共同开发”。

为落实国家职业教育改革的相关要求，重庆三峡医药高等专科学校努力践行产教融合、校企合作。教师按照真实环境、真学、真做、掌握真本领的要求开展教学活动，建立基于工作过程的“四真”行动式教学模式。将教学“以教师为中心”转变为“以学生为中心”，将学生由“被动学习”转变为“主动学习”，教师精心设计、导演，把教学内容巧妙地隐含在每个“职业工作活动”中，学生通过完成一个个“职业工作活动”，自己提出问题，并经过思考和教师的指导，自己解决问题。整个教学过程中，企业导师全程主导或参与，取得了较好的教学效果。为总结教学改革经验，并更好地服务“四真课程”教学模式，经学校教材建设指导委员会审定，组织了校企双方生产与教学的多名一线专家，编写了本套高职高专“四真课程”活页教材。

本套教材具有以下特点：

1.教材紧密围绕真实任务、项目、产品、内容等驱动载体，创设学习情境，实施完整的职业活动，助力教师实现完整、真实的教学过程。

2.教材设定的学习情境与真实环境高度相仿，教材涉及实训设备设施为真实设备设施，并参照企业真实的技术和装备水平。

3.教材每个工作任务按照任务目标、任务分析、相关知识、任务实施、任务评价、拓展提高、课后训练等几个步骤与内容进行设计与实施。

因“四真课程”教学模式改革不能一蹴而就，目前出版的教材只是针对已有明显成果的总结与固化，后续还将根据教学改革的继续实施陆续出版相关教材。

前言 PREFACE

本教材以企业典型的真实生产管理作为实训项目，主要介绍中药制药设备管理、中药制药设备巡检与保养、中药制药相关设备操作与管理、常见中药制药设备故障判断和排除等内容，可满足高等职业院校中药制药、药物制剂技术、制药设备应用技术等专业开展生产性实训教学的需要，也可供制药类相关专业和药品生产企业员工参考使用。本教材重实践重应用，突出技能养成、渗透工匠精神，在“必需、实用”原则指导下，面向中药制药生产一线，紧扣中药制药设备管理维护岗位对制药设备的管理、巡检与保养、故障诊断与排除以及公用设备操作维护等基本技能需要，采用“项目引领、任务驱动”的模式编写而成，引导学生在真实生产环境下，实施真实任务，生产真实产品，学习真实本领。

本教材经学校编写组成员进入企业顶岗实践，与企业编写组成员、一线专家深度交流，校企合作共同编写完成。本教材由龚伟、邹隆琼担任主编，具体编写分工如下：唐大芳（任务1-1、任务2-1、任务2-2、任务2-3、任务4-1、任务4-2）、吴永玖（任务1-2）、龚伟（任务1-3）、周志建（任务1-4）、王本建（任务1-5）、朱小龙（任务3-1）、邹隆琼（任务3-2）、黄公俊（任务3-3）、管发令（任务3-4）、喻超（任务3-5）。

本教材在编写过程中得到了编者所在单位领导及有关药品生产企业领导和技术人员的大力支持，在此谨向这些单位及个人表示衷心感谢。限于编者水平与经验，疏漏与不足之处在所难免，敬请各位读者批评指正，以便于我们不断修订完善。

编　者

2023年11月

CONTENTS 目 录

项目一　制药设备管理

实训任务 1-1　胶囊充填机设备采购

一、学习目标

1.熟悉设备采购流程；胶囊充填机采购所涉及的技术指标。

2.能根据胶囊充填机的性能、技术参数、生产厂家、参考价格进行初步调研，开展设备选型工作。

3.具备独立思考和科学严谨的工作态度。

二、任务描述

公司设备使用部门提出设备采购需求，需购买一台胶囊充填机。详尽的用户使用需求（URS）已提交给设备管理部门，现需设备管理部门对URS文件进行审核并根据URS文件进行设备采购程序的流转。

三、获取资讯

1.胶囊充填机概述　胶囊填充机集机、电、气为一体，采用微电脑可编程控制器，触摸面板操作，变频调速，配备电子自动计数装置，能分别自动完成胶囊的就位、分离、充填、锁紧等动作，减轻劳动强度，提高生产效率，适用于充填各种国产或进口胶囊。

2.全自动胶囊充填机的工艺过程　在充填机上首先将杂乱堆垛的空心套合胶囊的轴线排列一致，并保证胶囊帽在上，胶囊体在下。首先要完成空心胶囊的定向排列，并将排列好的胶囊落入囊板。然后，将空心胶囊帽、体轴向分离（俗称拔囊），再将空心胶囊帽和胶囊体水平错开，再填充药粉。胶囊充填机的另一个重要功能是药粉的计量及充填。此外，还要剔除未分离的空胶囊；填充完毕后，闭合胶囊，完成主体操作。

3.全自动胶囊充填机的结构　由空胶囊下料装置、胶囊分送装置、粉剂下料装置、计量盘机构、胶囊充填封合机构、箱内主传动机构和电气控制系统等组成。

（1）空胶囊下料装置　由料斗与输送管路组成，主要储存空胶囊并使空胶囊逐个地竖直进入胶囊分送装置。

（2）胶囊分送装置　使空胶囊进入分送装置的选送叉内，选送叉向下动作一次会送下六粒胶囊，并且胶帽在上。同时，真空分离系统把胶囊顺入到模块中，并将体帽分开。

（3）粉剂下料装置　由粉斗、粉斗螺杆、下料输送管等组成，主要在螺杆和搅拌作用下把存储的粉剂送入计量盘。

（4）计量盘机构　根据胶囊规格及装量所匹配的计量盘规格。粉剂在间歇旋转的计量盘内经过五次充填压实成药柱，并推入下模块的胶囊内。

（5）胶囊充填封合机构　当推入药柱胶囊下胶囊体后，上、下模块的胶帽与下胶囊体推向上使之扣合。

（6）箱内主传动机构　箱内通过电机、箱式福开森间歇回转机构、齿轮副、减速、凸轮副和链传机构完成执行工作所需动力，同时，变频电机具有变频调速功能。

（7）电气控制系统　由PLC系统控制显示各胶囊充填的工艺要素。

4.胶囊充填机常见的型号归纳

（1）瑞安市恒仁机械有限公司出品的NJP系列胶囊充填机主要技术参数如下。

机器型号	NJP-1500	NJP-1800	NJP-2000	生产厂家
生产能力（粒/分）	1500	1800	2000	瑞安市恒仁机械有限公司
模孔数量	14	16	18	
填充硬胶囊型号	N0.00-5			
功率	2.2kW+真空2.9kW+吸尘4.4kW			
噪声	＜80dB（A）			
电源	380V 50Hz			
外形尺寸（mm）	1100*1200*2000			
净重（kg）	1100			

NJP-1500.1800.2000型全自动胶囊填充机性能特点如下。

1）全封闭式的工位转台，解决了拆洗模具繁琐、再装模具精准度难以调整的难题。

2）工位运转结构，各工位传动凸轮皆采用槽凸轮结构：润滑性能好，精度高，运转平稳。

3）落地式的机器外形结构，使机器外形更为美观，运转更为平稳。

4）可旋转的柜式电气操作控制箱，采用彩色的大屏幕触摸屏，使机器操作更为便捷、安全。

（2）上海绿翊机械制造有限公司出品的NJP系列全自动胶囊充填机参数如下。

机器型号	NJP-200	NJP-400	NJP-800	NJP-1000	NJP-1200	NJP-2000
充填剂型	粉剂、微丸、片剂					
适用胶囊型号	00#~5#胶囊/安全型胶囊A~E					
ZUI高产量（粒/小时）	12000	24000	48000	60000	72000	120000

续表

机器型号	NJP-200	NJP-400	NJP-800	NJP-1000	NJP-1200	NJP-2000
电源功率	220V 50Hz 2kW	220V 50Hz 2kW	380V 50Hz 2kW	380V 50Hz 3kW	380V 50Hz 3kW	380V 50Hz 3.7kW
噪声指标	<80dB(A)					
外形尺寸(毫米)	930 × 780 × 1900	930 × 780 × 1900	970 × 820 × 1900	970 × 820 × 1900	970 × 820 × 1900	1100 × 1000 × 2000
整机重量(千克)	1900	800	900	900	900	1300

NJP型全自动胶囊充填机简介如下。

1)产品标准化，设备零部件可通用互换，更换模具便捷准确。

2)设备体积小、能耗低、易操作、易清洗。

3)采用凸轮下置设计，增加了压力雾化油泵，保持凸轮槽内润滑，减少磨损，延长了零部件使用寿命。

4)采用高精密分度器，振动小，工作噪声低于80dB，用真空定位机构使胶囊上机率达到99.9%以上。

5)以剂量盘下平面为基准，三维调节，间隙均匀，有效保证装量差异，清洗时非常方便。人机界面，功能齐全。缺料缺囊及料道出现故障时，自动报警，自动停机。具备实时每粒计量和累计产量的计数显示功能。

NJP型全自动胶囊机是将粉状、颗粒或小片等物料充填入胶囊内的设备，该产品采用孔塞式充填、间歇式运转、变频调速，粉状或微丸状胶囊剂药品可自动完成播囊、分囊、充填、(废囊剔除)锁囊、成品输出等工作。是吸收国内外同类产品的优点结合国内实际情况，自行研制的充填机器，生产过程完全符合GMP规范。

(3)广东瑞琪包装机械有限公司出品的NJP系列全自动胶囊充填机参数如下。

机器型号	NJP-2600C	NJP-5500C	NJP-7800C	NJP-3800C	NJP-1200C
生产能力(粒/时)	138000	360000	492000	228000	72000
模孔数量	18	43	58	27	9
填充硬胶囊型号	000,00,0,1,2,3,4,5#	00,0,1,2,3,4,5#	00,0,1,2,3,4,5#	00,0,1,2,3,4,5#	00,0,1,2,3,4,5#
功率	7.4kW	11kW	14kW	10.5kW	5.5kW
噪声	<75dB(A)	<75dB(A)	<75dB(A)	<75dB(A)	<75dB(A)
电源	380/220V 50Hz	380V 50Hz	380V 50Hz	380/220V 50Hz	380/220V 50Hz
外形尺寸(mm)	1120 × 1020 × 2000	1500 × 1250 × 2200	1395 × 1180 × 2200	1395 × 1180 × 2200	900 × 870 × 1950
净重(kg)	1500kg	3000kg	4000kg	2200kg	1100kg
装量精度	西药 ± 3% 中药 ± 4%	西药 ± 3% 中药 ± 4%	西药 ± 3% 中药 ± 4%	西药 ± 3% 中药 ± 4%	西药 ± 3% 中药 ± 4%

该产品特点如下。

1）设计科学。产品结构化、模块化设计，操作简单，故障率极低。

2）安全。安全理念贯穿播囊、门控、加料、急停等环节，确保安全。

3）分割器采用德国3秒蔡司（Zeiss）光学分度头分度，分度轴一次性加工完成，装量精度高，误差≤3%。

4）转盘使用SIL进口橡硅胶密封圈，有效阻挡药粉进入转盘内部，密封性好，无粉尘溢出污染；转盘横向双轴采用聚四氟乙烯无油轴承，终身无需加油、保养；结构模块化，配有点动操作，拆洗方便，更换模具15分钟内完成。

5）充填机构采用三维调节，使计量盘均匀受力，调节装量精确、快捷，加配了粉末回收装置，回收利用率99%，减少了浪费，提高了经济效益。

四、问题引导

1.现在需要购买胶囊充填机，请问买哪个品牌的设备比较好？

______

______

______

2.在确定完设备品牌后，进一步思考选择什么型号、什么参数配置的胶囊充填机？

______

______

______

3.在确定了几台可行的胶囊充填机之后如何完成采购审批程序？

______

______

______

4.设备采购完成后有哪些资料需要归档？

______

______

______

五、任务实施

1.识读用户需求　接收详尽的用户使用需求（URS），识读用户需求（URS）表（注：该表由生产部门填写）。

用户需求（URS）表

编号：

<table>
<tr><td>起草部门</td><td></td><td>起草人</td><td></td><td>起草日期</td><td></td></tr>
<tr><td>审核部门</td><td></td><td>审核人</td><td></td><td>审核日期</td><td></td></tr>
<tr><td>审核部门</td><td></td><td>审核人</td><td></td><td>审核日期</td><td></td></tr>
<tr><td>批准部门</td><td></td><td>审核人</td><td></td><td>批准日期</td><td></td></tr>
<tr><td>URS项目名称</td><td colspan="5"></td></tr>
<tr><td>概述</td><td colspan="5"></td></tr>
<tr><td>标准及法规</td><td colspan="5"></td></tr>
<tr><td rowspan="13">用户及系统要求</td><td>需求项目</td><td colspan="2">内容</td><td>必须</td><td>期望</td></tr>
<tr><td rowspan="2">产能工艺需求URS01</td><td colspan="2"></td><td></td><td></td></tr>
<tr><td colspan="2"></td><td></td><td></td></tr>
<tr><td rowspan="2">控制系统需求URS02</td><td colspan="2"></td><td></td><td></td></tr>
<tr><td colspan="2"></td><td></td><td></td></tr>
<tr><td rowspan="2">GMP需求URS04</td><td colspan="2"></td><td></td><td></td></tr>
<tr><td colspan="2"></td><td></td><td></td></tr>
<tr><td rowspan="2">文件资料及备品备件需求URS06</td><td colspan="2"></td><td></td><td></td></tr>
<tr><td colspan="2"></td><td></td><td></td></tr>
<tr><td rowspan="2">EHS需求URS05</td><td colspan="2"></td><td></td><td></td></tr>
<tr><td colspan="2"></td><td></td><td></td></tr>
<tr><td rowspan="2">安装调试及培训需求URS07</td><td colspan="2"></td><td></td><td></td></tr>
<tr><td colspan="2"></td><td></td><td></td></tr>
</table>

2.制定设备选型初选方案　根据用户使用需求，制定设备选型初选方案，在对设备设施的性能、技术参数、生产厂家、使用厂家、参考价格进行充分调研后，至少列出三个品牌、三种型号的胶囊充填机形成选型初选方案或招标入围供货单位报公司领导审批。设备选型初选方案主要内容应至少包括以下方面。

（1）各设备供应商的生产经营资信度及售后服务质量。

（2）与国家和相关管理规范的适应性。

（3）各设备与本公司使用要求、产品及质量要求、安装要求等的适应性。各设备供应商的产品特点（外观、内部结构、工艺原理、材质、电气配置、加工质量、维修的便利性等）及设备先进性。

（4）各设备运行能耗、安全、环保、健康等方面的适应性。

（5）各设备运行的可靠性和维保方便性；比较各设备供应商的产品价格，易损配件及价格等。对于重大项目需进行项目招投标，招投标方案须报公司领导审批。

<table><tr><td>

胶囊充填机设备采购选型方案

一、项目概述

二、选型原则

三、市场调研

四、设备型号、参数、价格及厂家对比

五、拟购买设备的情况
（写清设备的名称、厂家、型号、参数、台数及价格，并阐述选择该型号产品的原因。）

六、拟购买设备的安装位置

七、设备拟进场时间

八、设备售后服务

附：
1.**公司胶囊充填机报价书
2.**公司胶囊充填机报价书

</td></tr></table>

3.对设备选型初选方案进行综合分析　设备管理部协同申购部门，对各初选方案或招标入围供货单位的设备方案进行综合分析比较（重大的和关键的生产工艺设备应形成选型报告或议标报告，报公司领导审批），分析比较讨论内容形成会议记录。

4.形成选型报告或议标报告　根据分析比较情况形成选型报告书。选型报告呈领导审批。

胶囊充填机采购选型报告

一、产品选型的背景和目的

二、对产品选型的要求

1.功能要求

2.性能要求

3.其他要求

三、备选产品分析

序号	产品名称	产品型号	台数	主要功能	性能	生产能力	尺寸	生产厂家	价格	售后

四、选型建议

根据对设备产品的分析，提出产品选型建议，最好提供两个备选方案。

5.填写设备购置表中设备管理部门意见，并将设备购置表呈递到下一个部门进行审核。

设备（固定资产）购置申请表

申请单位		申请日期	
设备名称		数　量	
规格型号		参考单价	
参考厂家			
请购用途			
相关技术要求			
申请人			
申请部门意见			
设备购置管理部门审核			
财务部			
主管领导审批			
公司领导审批			

6.设备完成选型后，走完设备采购审批程序，与中标厂家签订购买合同，合同应明确以下内容。

（1）合同标的内容、金额、合同附件。

（2）辅助设施等。

（3）主要配件明细表及易损件目录价格。

（4）设备关键部位材质证明、设备图纸资料等。

（5）质量保证期、付款进度时间。

（6）其他约定事项等。

7.设备采购资料归档。

8.设备采购完成后，根据采购合同的约定跟进设备进场时间，设备进场后对设备进行安装、调试、验收（安装、调试、验收相关内容见后续章节）。

六、评价与反馈

序号	评价内容	评价标准	分值	自评得分	教师评分
1	知识准备	（1）能说出胶囊充填机的工作原理和结构组成以及基本参数 （2）能说出国内外胶囊充填机的品牌、型号以及排名 （3）能说出设备采购的流程	20		
2	接收任务	识读用户需求，看懂URS表格，列出用户对设备的要求	20		
3	任务实施	（1）对设备情况实施充分的调研，形成设备选型初选方案	15		
4		（2）组织其他部门对设备初选方案进行综合分析，形成选型报告	15		
		（3）选型报告呈领导审批（完成审批流程）	10		
		（4）填写设备购置表呈下个部门审核	10		
7	资料归档	设备采购资料归档	10		
合计					

实训任务 1–2　胶囊充填机设备验收

一、学习目标

1. 掌握设备验收分类及流程。
2. 能够对新购胶囊充填机进行开箱验收并填写《设备开箱验收检查记录》。
3. 能够对胶囊充填机进行安装验收并填写《设备设施安装（检查）验收记录》。
4. 能够组织相关部门进行设备调试验收并填写《设备综合验收记录》。
5. 具备较强的沟通能力和协调能力。

二、任务描述

设备采购部新采购一批制药设备，设备到货后需要验收。

（1）对到货设备进行开箱验收，设备、设施运达公司后，组织本公司人员和供应商当场进行开箱验收，特殊情况需供应商同意才能开箱验收。

（2）对安装后的设备进行安装验收；在设备安装调试完成、具备连续运行条件后，设备平稳运行一段时间，设备部对新安装好的设备进行验收，查看设备是否能够达到设计或合同所约定能力、条件。

三、获取资讯

公司所有新购、送修返厂的生产设施设备需进行设备验收工作。设备验收分为开箱验收、安装后交接验收以及设备的综合调试验收。《设备验收管理规程》内容如下。

(一)目的

为了保证产品的质量和使用性能，对公司生产产品制定执行检验的标准依据，做到有据可循，特制定本规程。

(二)范围

本规程适用于公司所有新购、送修返厂的生产、生活设施设备的验收工作。

(三)职责

1.采供管理部负责设备、设施的到货开箱验收。

2.设备管理部负责设备安装后的交接验收。

(四)内容

1.开箱验收

(1)验收条件

1)设备到货开箱验收　设备、设施运达公司后，本公司人员和供应商双方人员在场时才开箱验收，特殊情况需供应商同意才能开箱验收。

2)设备安装后的交接验收　在设备安装调试完成、具备连续运行条件后，设备平稳运行一段时间，达到设计或合同所约定能力、条件。

(2)验收的标准及内容

1)设备外观、包装情况、设备名称、型号规格、数量等是否满足合同约定要求。

2)装箱清单是否与实物相符，随机部件、附件、备件、工具、说明书以及其他资料是否齐全，有无缺损。

3)设备是否已达到合同约定的工艺技术指标要求。

4)设备的产能、开工率、操作性能、安全稳定性已符合合同设计要求。

5)设备主体及配套部件完整、设备资料齐全、备品备件齐全。

6)同时符合以上几条可以进行交接验收。

(3)验收流程

1)在新设备到厂后，采供管理部须组织设备管理部、生产管理部进行设备到货开箱验收(必要时设备供应商、技术监督人员一并参加，特指特种设备)。

2)设备开箱检查后，采供管理部需要做好详细记录，对于严重锈蚀、破损等现象，留好照片或图示说明，作为向设备供应商交涉、索赔的依据。不需要安装的备件、附件、工具等，由设备管理部负责办理入库清单。

3）采供管理部对于在验收过程中发现的问题必须及时与厂家人员进行交涉，限期解决，如沟通无效，可停止继续验收。

4）采供管理部须在初步验收结束时（开箱验收结束），由采供管理部填写《设备开箱验收记录》一式两份，一份由供应商保存，一份由采供管理部留底存档。对验收过程中发现的问题作详细记录，由参加验收的人员确认签字，归入设备档案。

5）设备开箱验收流程图如下。

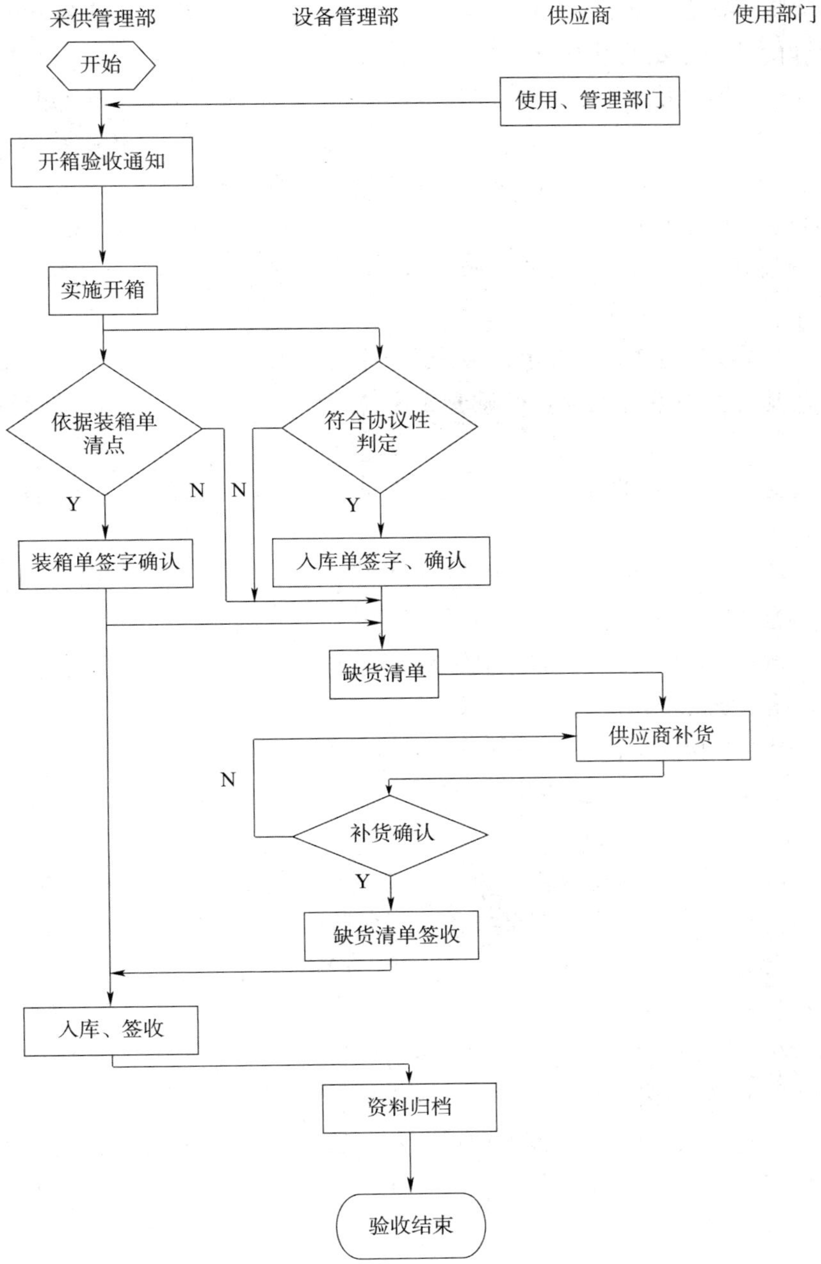

2.设备的安装验收

（1）开箱验收检查合格后，由设备管理部组织人员将设备运送安装到位。

（2）合同约定需由供货商安装时，由采供管理部及时联系供货商安装，并配备安装辅助设施、公共能源设施，配合供货商安装。

（3）设备管理部应跟踪检查、督促安装过程，确保安装质量符合设备设施的安装要求、使用要求和相应的规范，并保障安装工期。

（4）关键或大型设备设施系统的安装，只有当安装质量符合设备设施的安装要求、使用要求、设计确认要求或相应的规范时方认为安装符合要求，并应填写安装检查验收记录，由安装方与参加验收人员签字确认后归档。对于关键的设备等，在安装验收的同时应完成其安装确认工作。

（5）设备的安装验收应由设备管理部填写《设备设施安装检查验收记录》。

3.设备的综合调试验收

（1）设备设施的安装验收符合要求后，由设备管理部组织并联系供货商对设备进行综合调试验收。

（2）设备设施综合调试验收应由设备管理部、设备使用部门、相关技术部门的人员共同参与，大型设备设施系统的综合调试验收应还有质量管理部门、供货商调试人员共同参与。

（3）设备设施综合调试验收应填写《设备综合验收记录》，记录内容包含但不限于以下检查与测试。

1）设备完好情况，设备的资料、辅助设施配件的完整性，设备的安装符合性。

2）设备设施系统的各部分功能试运行情况。

3）设备设施系统的整体运行与控制效果情况。

4）设备设施系统的产出品与合同要求的符合性。

5）操作人员、维修人员的培训情况，是否能进行正确的操作与维修保养。

6）填写综合验收记录，对设备验收情况进行综合评价，并由相关验收人员签字确认后归档。

4.设备设施综合调试验收，只有在所有的检查与测试项目符合预期的使用要求或相应规范后方认为符合要求验收合格，其签字确认后的验收记录作为付款的依据。

5.对于关键的设备，在综合调试验收的同时应及时完成其运行确认、性能确认工作，在确认合格后方可交付生产及相关工作使用。

6.各方验收确认合格后，设备资料由设备管理部门收集归档，设备设施及配件等纳入公司固定资产管理，分别按《设备档案管理规程》《固定资产管理规程》执行。

7.设备验收不合格时，交由厂家整改或重新制造后再次验收，再次验收仍不合格时由采供管理作退货处理。

8.记录名称及编码

（1）《设备开箱验收记录》　　　　　　（OR-05-009-01）

（2）《设备设施安装检查验收记录》　　（OR-05-010-01）

（3）《设备综合验收记录》　　（OR-05-011-01）

（五）验收注意事项

1. 外观检验

（1）对设备及外包装进行拍照记录，检查设备的外包装是否完好，有无破损、浸湿、受潮、变形等情况，对外包装箱的表面及封装状态进行检查。

（2）检查设备和附件表面有无残损、锈蚀、碰伤等情况，重点检查主机、主要配件和主要工作面。

（3）若发现包装有破损，设备和附件有损伤、锈蚀、使用过的迹象等问题，应作详细记录，并重点拍照留据，及时向供应商办理退换、索赔手续。

2. 数量检验

（1）数量检查时应以供货合同和装箱单为依据，检查主机、附件等设备规格、型号、配置及数量，并逐件清查核对。

（2）认真检查随机资料是否齐全，如说明书、产品检验合格证书、保修单等，计算机的相关技术资料应包括驱动程序等软件在内。

（3）要注意检查设备的序列号和出厂编号，必要时可以进行网上核对。

（4）认真作好开箱清点记录，写明地点、时间、参加人员、箱号、品名、应到和实到数量，如发现短缺、错发等问题，要及时作好记录并保留相关材料。

3. 质量检验

（1）设备加电测试之前，应检查所接电源，确保和设备电源要求一致。

（2）设备应能够正常启动，运行期间无故障报错信息，应对设备进行至少48小时不间断的加电测试。

（3）要严格按照合同条款、使用说明书、用户手册的规定和程序进行安装、调试。

（4）对照产品说明书，检查设备的技术指标和硬件配置是否达到要求。

（5）设备试运行验收时要认真作好记录。若设备出现质量问题，应将详细情况书面通知供货单位和负责采购单位。

4. 填写验收记录表　若外观验收、数量验收、质量验收结束后，发现任何一项不符合合同文件的要求，须得到供货方代表的认可（签字、盖章）。

若仪器设备经过测试，其配置和性能达到合同规定的各项指标要求，应填写设备开箱清点记录表和设备加电测试记录表，作为设备验收文件的一部分。

5. 提交内容　提交设备开箱清点记录表、设备加电检测记录表、设备开箱检验报告。序列号、现场照片等资料均作为验收的附件提交给设备部。

四、问题引导

1. 在具有一定的基础知识后，应该对新购买的胶囊充填机进行怎样的验收？

____

____

2. 设备验收时应如何填写相应的表格？

____

____

3. 设备验收需要准备哪些材料？

____

____

五、任务实施

1. 获取购货合同或者设备采购清单，接收设备验收任务派工。

2. 组织相关人员，并进行分工。

3. 设备开箱验收

（1）检查包装箱体，确认箱体完好无损。

（2）设备组件确认，根据订货合同中约定的设备组件的明细、品牌、规格型号进行核对，并将核对结果填写在以下表格中（表格中组件样数根据合同适当增减）。

序号	名称	品牌	规格型号	结果是否合格
1	胶囊处理装置			是　否
3	胶囊定向装置			是　否
4	胶囊打开装置			是　否
5	胶囊充填装置			是　否
6	胶囊剔废装置			是　否
7	胶囊闭合装置			是　否
8	胶囊排出与清洁装置			是　否
9	粉剂处理装置			是　否
10	供粉装置			是　否
11	计量单元			是　否
12	真空泵			是　否
13	吸尘器			是　否
14	主电机			是　否
15	搅拌电机			是　否
16	PLC			是　否

续表

序号	名称	品牌	规格型号	结果是否合格
17	变频器			是　否
18	传感器			是　否
19	压力表			是　否
20	电磁阀			是　否
21	制动器			是　否
22	压缩空气组件			是　否
23	真空表			是　否

（3）技术文件确认。

序号	文件名称	有无提供	结果是否合格
1	功能说明书	有　无	是　否
2	与物料有关的零件材质证明	有　无	是　否
3	操作手册	有　无	是　否
4	组件清单	有　无	是　否
5	装配图	有　无	是　否
6	PID图	有　无	是　否
7	电路图	有　无	是　否
8	气路图	有　无	是　否
9	软件硬件设计说明	有　无	是　否
10	布局图	有　无	是　否
11	相关设备、部件合格证书	有　无	是　否
12	仪表合格证书、校验证书	有　无	是　否

（4）填写《设备开箱验收检查记录》。

设备开箱验收检查记录

设备名称		出产编号	
规格型号		生产日期	
生产厂家		进厂日期	
使用部位		开箱日期	
包装箱体、设备外观检查情况			
设备随机附件、辅助设施、配件			
设备资料			
开箱检查人员		日期	

4.设备安装验收 设备安装完成后根据以下具体要求进行一一验收，验收完成后填写《设备设施安装（检查）验收记录》。

序号	具体要求	期望/必须	是否符合
1	根据安装施工图进行设备位置和方位的布局	必须	是 否
2	所有设备与相关厂房地面的连接结构设计，须确保不破坏厂房设施，无死角，易清洁，易维护保养	必须	是 否
3	所有设备及附属件外部部件的螺栓、螺母都要有盖头或螺帽，并且拧紧。所有紧固件都应为不锈钢材质	必须	是 否
4	从用户胶囊填充机给料桶出口至胶囊成品承接料桶之间，所有相关物料输送管道和快接头，整个流程处于密封输送状态	必须	是 否
5	PLC 控制系统能接入主机PLC控制系统；出料高度和形式能与用户物料贮存容器的进料高度和方式相匹配；出料口设有与相关容器或管道配套连接的快装接口和连接管道；所有零部件的连接方式采用快装和易清洁形式	必须	是 否
6	设备电气安全要求，包括漏电保护、过载保护、多电压保护，接地安全，保证用电安全	必须	是 否
7	控制柜、操控箱、操控按钮具有良好密封，可完全阻止灰尘、水和湿气进入其中	必须	是 否
8	设备使用、操作和维修等方面的结构设计须符合人机工程学原理，设计制造满足相关设备安全设计规范	必须	是 否
9	设备上易对操作人员造成伤害的运动部位应有安全罩，电气控制柜装有安全锁，符合零进入标准	必须	是 否
10	所有无需工具即可拆除或打开的安全装置和防护罩必须具有安全联锁功能（非锁定）（机架传动部位的门除外）	必须	是 否
11	设备、系统任何部位不能有锋利的边缘和尖角	必须	是 否
12	在可接触及的部位安装紧急停止按钮，以减少人机工程伤害	必须	是 否
13	边门均有互锁，任何一个边门打开时，胶囊机停机运行	必须	是 否

设备设施安装（检查）验收记录

设备名称		型号	
生产厂家		使用部位或用途	
设备安装单位、人员		设备安装起始日期	
设备安装情况简述			
设备辅助设施安装			

设备安装后的检查			
备注			
验收检查人员		日期	

5.设备综合调试验收　根据以下具体要求进行一一验收，验收完成后填写《设备综合验收记录》。

序号	具体要求	期望/必须	是否符合
1	设备噪声不得大于 75dB	必须	是　否
2	真空不足报警功能正常	必须	是　否
3	程序系统功能正常，能够实现功能加工的控制要求	必须	是　否
4	系统的诊断功能能够识别和阐述故障，并且显示导致设备停机的故障	必须	是　否
5	缺囊自动诊断监控自动报警和停车功能正常	必须	是　否
6	缺料、机械过载、电机过流及其他机械故障的自动诊断监控自动报警和停车功能正常	必须	是　否
7	胶囊填充机工作区封闭门：具有良好的密闭性（运行过程中没有粉尘外溢），具有良好的透光性（门关闭状态下机器运行情况目视清晰），具有良好的安全性（门的开闭与主机电机有安全联锁装置，运行状态下如开门可以 1 秒内完成制动，仅在点动时可解除或限速）	必须	是　否
8	断电时，机器逐渐停稳，以保护操作工、设备和产品。恢复供电后机器不能自动开机，必须人工启动。断电后保障 PLC 数据不丢失，保证程序完整	必须	是　否

设备综合验收记录

设备名称		出厂编号	
规格型号		调试起始日期	
使用部位		调试验收人员	
设备主要配置元件材料验收情况记录			
设备各部功能试验、测试情况记录			

设备综合技术指标、生产能力运转试验、测试情况记录			
综合评价结论			
供方调试人员		使用部门人员	
设备管理部		验收日期	

六、评价与反馈

序号	评价内容	评价标准	分值	自评得分	教师评分
1	知识准备	（1）能说出设备验收的分类 （2）能说出设备验收的流程 （3）能说出公司对设备验收的管理要求 （4）能说出设备验收的注意事项	15		
2	接收任务	获取购货合同或者设备采购清单，明确设备验收类型，制定验收计划，列出设备验收清单	15		
3	任务实施	（1）对新购胶囊充填机进行开箱验收 ①检查包装箱体，确认箱体完好无损 ②根据订货合同中约定的设备组件的明细、品牌、规格型号进行核对，并将组件的型号、品牌登记在表格内 ③技术文件确认，填写文件确认表格 ④填写《设备开箱验收检查记录》	20		
4	任务实施	（2）对新购胶囊充填机进行安装验收 ①对安装好的设备进行试运行，能够正常运转 ②机械部件安装牢固，螺丝螺栓无松动现象 ③电气保护开关设置正确，能够实现有效控制 ④填写《设备安装验收记录》	20		
5	任务实施	（3）对新购胶囊充填机进行综合验收 ①运行状况正常，噪声在合理范围内 ②能够实现药品充填功能 ③能够实现故障诊断 ④填写《设备综合验收记录》	20		
6	资料归档	设备采购资料归档	10		
合计					

实训任务 1-3　NJP-2000 全自动胶囊充填机运行、性能确认

一、学习目标

1.掌握设备确认的概念、分类、提出条件、流程以及风险评估方法。

2.能开展NJP-2000全自动胶囊充填机的运行、性能确认工作。

3.具备GMP意识和科学严谨的工作态度。

二、任务描述

NJP-2000全自动胶囊充填机运行已满三年，为了确认设备在长时间运行后，设备各项性能均能达到生产需要，公司决定对NJP-2000全自动胶囊充填机的运行和性能进行再确认，请依据《NJP-2000全自动胶囊充填机运行、性能确认方案》组织实施确认工作。

三、获取资讯

1.确认的概念和分类　确认是有文件证明厂房、设施、设备和检验仪器能正确运行并可达到预期结果的一系列活动。主要目的是证明有关操作的关键要素能够得到有效控制。确认可分为设计确认、安装确认、运行确认和性能确认。设计确认应当证明厂房、设施、设备的设计符合预定用途和规范要求。安装确认应当证明厂房、设施、设备的建造和安装符合设计标准。运行确认应当证明厂房、设施、设备的运行符合设计标准。性能确认应当证明厂房、设施、设备在正常操作方法和工艺条件下能够持续符合标准。

2.确认的提出条件和流程　《药品生产质量管理规范》(2010年版)第一百三十九条规定“企业的厂房、设施、设备和检验仪器应当经过确认，应当采用经过验证的生产工艺、操作规程和检验方法进行生产、操作和检验，并保持持续的验证状态。”本条规定表明了确认的对象、采用的方法以及确认的持续性。

确认不是一次性的行为，一般在下列条件下提出：①新购进或没有正式使用的设备准备投入药品生产之前。②生产药品的质量发生改变，在排除原辅材料、生产工艺、人员操作、环境等因素外，怀疑设备造成的影响时。③设备结构有重大改变或设备出现重大故障经过大修，原来的相关验证失去意义。④生产相对更难清洁的产品，需要重新制定设备清洁SOP。⑤设备清洁SOP所规定的清洁剂、清洁方法改变或清洁程序有重要改变的。⑥设备验证有效期到达时。

实施确认的一般程序：提出确认要求；建立确认组织；制定确认方案；审批确认方案并组织实施；审批确认报告和签发批复；资料存档。

3.NJP-2000全自动胶囊充填机的特点、工作流程和技术参数 NJP-2000全自动胶囊充填机的主要功能是向硬胶囊内自动充填药粉，配备不同型号的模具，可以充填00～04号胶囊，生产速度可以根据需求进行调节。该设备采用间歇运动和多工位孔塞计量方式，可以自动完成硬胶囊的掉头、分囊、充填、剔废、合囊（锁囊）、成品推出等胶囊充填过程。与药粉接触的部分不会与药粉发生反应，符合相应的卫生要求，同时设备各部件磨损极小，符合人机工程。

本机工作流程：空心胶囊和药粉分别由料斗进入装有各工位的转台间歇旋转一周，通过传动机构、送囊分离机构，药料定量、充填机构、胶囊紧锁机构等完成对胶囊、药料的落料、定向排列、帽体分离、药料充填、套合、封闭、成品输出等过程。

NJP-2000全自动胶囊充填机主要技术参数如下。

NJP-2000全自动胶囊充填机技术参数表

序号	项目	单位	具体参数	备注/说明
1	设备型号	—	NJP-2000	2000型
2	模具组数	组	12	上下模块
3	模孔数量	孔	18	双排18孔
4	适用胶囊	—	00～04#	—
5	单位产能	粒/时	0～120000	每小时理论产量
6	分囊方式	MPa	真空分囊，真空度-0.04～-0.09	—
7	剔废方式	—	机械剔废，18孔	吸尘器吸走
8	除尘方式	—	吸尘器除尘，排气量300m/h	—
9	总装功率	kW	7.5	380V/50Hz

4.风险评估方法 风险评估常采用失效模式效果分析法（FMEA），该法由风险的严重性（S）、风险发生的可能性（F）、风险的可测性（D）三部分组成。

严重性（S）：主要针对可能影响或危害产品质量数据完整性的风险；严重程度可简略划分为3个等级。

严重性（S）	系数	风险可能导致的结果
高	3	直接影响产品质量要素或工艺与质量数据的可靠性、完整性或可追溯性。此风险会导致产品召回，不符合GMP原则，可能导致在检查或审计中产生偏差
中	2	不存在对产品质量或数据直接相关影响，但可能会间接影响产品质量与数据的可靠性、完整性；此风险会导致资源浪费
低	1	不会对产品质量或数据产生最终影响，但可能会在过程中对产品质量与数据的可靠性、完整性造成较小的偏差；此风险基本影响为0

可能性（F）：恒定风险发生的可能性，设定统计基准，具体如下。

可能性（F）	系数	可能系数判定标准
高	3	极易发生
中	2	偶尔发生
低	1	很少发生

可测性（D）：潜在风险发生造成危害前，通过检测发现的可能性，具体如下。

可测性（D）	系数	可测系数判定标准
低	3	通过周期性控制可检测到的潜在风险
中	2	通过常规生产、观察、试机可以判定潜在风险的情况
高	1	通过设备自动化检测技术能检测到的潜在风险

5.风险级别评判标准　风险优先系数（RPN）计算公式如下。

RPN=严重性（S）× 可能性（F）× 可测性（D）

6.风险评价标准

风险优先系数RPN	风险水平	描述
RPN ≥ 12	高风险水平	此级别为不可接受风险，必须立即采取措施，通过提高可测性及降低风险产生的可能性来降低最终风险水平，将RPN值降低至12以内
4 < RPN < 12	中等风险水平	此级别风险应采用具体措施，通过提高可测性及降低风险产生的可能性来降低最终风险水平；所采用的措施可以是规程、技术措施，但均应经过验证方可实施
RPN ≤ 4	低风险水平	此级别风险为可接受风险，无需采用额外的控制措施

四、问题引导

1.本次确认是在什么条件下提出的？有何意义？

____

____

____

2.如何对NJP-2000全自动胶囊充填机开展风险评估？

____

____

____

3.开展风险评估的目的是什么？

____

____

____

4.在运行和性能确认实施前应开展哪些方面的确认？

____

____

____

五、任务实施

（一）确认的目的

NJP-2000全自动胶囊充填机进行首次确认并判定合格确定再确认周期为三年。再确认是在厂房与设施、设备、主要人员没有显著变化下开展的，通过确认持续开展再验证和回顾性分析，其主要目的是：①确认设备在经过长时间运行后，设备各部件、各功能仍然可以达到生产需求；②确认设备连续运行过程中的稳定性以及连续输出的高效、高质性；③确认设备在对象物适应上仍然具有较好的匹配性。

（二）风险评估

风险来源于人、机、料、法、环五大因素。

（1）人　人员是合规的人员，且经过上岗培训、定期培训，以及开展本确认项目时再次培训，其风险基本可以排除。

（2）料　物料和生产批量没有发生变化，且原辅料是合格供应商提供的，生产批量与设备设计能力相匹配，其风险可以排除。

（3）法　工艺规程、岗位操作法及质量标准、检验操作规程等没有发生变化，并经过相应的确认与验证，其风险可以排除。

（4）环　厂房与设施没有发生变化，且经过相应的确认与验证，其风险可以排除。

（5）机　NJP-2000全自动胶囊充填机实际运行参数范围，虽经过了首次确认，但运行时间长（三年），高速运转设备在长期使用后安全防护以及装量控制，是一个较大的不定因素。因此本确认项目重点对NJP-2000全自动胶囊充填机进行风险评估，并对该机的性能再确认。

确认的范围和程度是通过风险评估来确定的，对NJP-2000全自动胶囊充填机开展风险评估，并对风险可能出现的情况进行有效措施的控制，可以降低或消除风险所带来的不利影响，同时确保确认工作在安全、有效以及过程可控的情况下开展。

参照企业标准《质量风险管理规程》，运用失效模式效果分析法对NJP-2000全自动胶囊充填机开展风险评估结果如下。

NJP-2000全自动胶囊充填机风险评估一览表

序号	项目	风险发生的情况	风险可能导致的后果	S	F	D	RPN值
1	安装情况评估	设备安装情况发生变化，能源配套发生变化	设备无法正常运行，导致运行及性能确认无法实施，从而导致确认失败	3	3	2	18
2	仪表衡器	仪表衡器未经校验或损坏	现场监测不准确，无法真实反馈确认过程及结果	3	2	2	12
3	人员培训	方案参与人员未培训或培训不到位	方案执行不到位或执行错误，导致确认失败	3	2	2	12

续表

序号	项目	风险发生的情况	风险可能导致的后果	S	F	D	RPN值
4	生产运行	未进行定期保养或保养措施不到位	设备运行异常，同时导致确认无法正常进行	3	2	2	12
		控制面板操作无效，不能控制设备	设备无法运行或无法控制，造成安全事故	3	2	2	12
		末端控制元件损坏或失灵	造成确认过程中不确定因素增加，导致失败	3	2	2	12
		真空水管脱落或破损	无法产生真空，影响生产进行	2	2	2	8
		电磁阀动作不及时或失去动作	真空断断续续，不能持续供给，确认失败	3	2	2	12
		市政供水压力不足或无水	真空无法产生或真空过小，无法完成确认	3	2	2	12
		吸尘器管脱落或破损	无法完成除尘以及剔废品的清理	3	2	2	12
		吸尘布袋破裂或积尘过多	导致吸尘风量较小或粉尘外泄造成污染	3	2	1	6
		感应探头位置不当或失灵	导致不能正常感应物料多少，造成缺料	2	2	2	8
		门安全互锁损坏或失灵	导致设备无法正常启动或运行途中停机	2	2	2	8
		计量充填杆磨损严重	导致计量不准确，无法准确判定装量	2	2	2	8
		铜盘磨损偏面，高低不平	导致运转过程中漏粉现象较为严重，物料不平衡	3	2	2	12
		模块收缩阻力大或不收缩	导致轴磨损加大或撞车，从而彻底导致确认失败	3	2	1	6
		模块孔内有毛刺	导致胶囊不能顺利进入模孔，导致损耗增加	2	2	2	8
		锁囊针位置松动或偏心	导致胶囊锁合力度不够或偏高，导致成品不合格	3	2	2	12
		真空吸座堵塞或孔径磨损	导致胶囊无法良好分离，造成损耗偏高	3	2	2	12
		药粉过黏或过硬	导致模具被堵塞或黏住，导致胶囊损耗偏高	3	3	2	18
		设定转速过快	导致胶囊装量出现波动，同时设备抖动加大	3	2	2	12
		出囊顶针位置不对或偏心	导致胶囊出囊不畅，出现瘪囊现象	2	2	2	8
		充针弹簧弹性不足	导致充填杆压合力度不够，料粉装量不足，不易控制	2	2	2	8

对NJP-2000全自动胶囊充填机风险控制后的风险程度以及风险级别进行判定，并将判定结果记录在表中。

NJP-2000全自动胶囊充填机风险再评估表

序号	项目	风险发生的情况	风险可能导致的后果	S	F	D	RPN	控制风险预估措施	控制后风险再评估				风险是否可接受	是否引入新风险
									S	F	D	RPN		
1	安装情况评估	设备安装情况发生变化，能源配套发生变化	设备无法正常运行，导致运行及性能确认无法实施，从而导致确认失败	3	3	2	18	确认前开展安装情况评估	3	1	1	3	□是□否	□是□否
2	仪表衡器	仪表衡器未经校验或损坏	现场监测不准确，无法真实反馈确认过程及结果	3	2	2	12	定期校验并检查	3	1	1	3	□是□否	□是□否
3	人员培训	方案参与人员未培训或培训不到位	方案执行不到位或执行错误，导致确认失败	3	2	2	12	先培训再开展	3	1	1	3	□是□否	□是□否
4	生产运行	未进行定期保养或保养措施不到位	设备运行异常，同时导致确认无法正常进行	3	2	2	12	定期保养	3	1	1	3	□是□否	□是□否
		控制面板操作无效，不能控制设备	设备无法运行或无法控制，造成安全事故	3	2	2	12	每班试机	3	1	1	3	□是□否	□是□否
		末端控制元件损坏或失灵	造成确认过程中不确定因素增加，导致失败	3	2	2	12	每班进行试机	3	1	1	3	□是□否	□是□否
		真空水管脱落或破损	无法产生真空，影响生产进行	2	2	2	8	不定期检查	2	1	1	2	□是□否	□是□否
		电磁阀动作不及时或失去动作	真空断断续续，不能持续供给，确认失败	3	2	2	12	每班试机	3	1	1	3	□是□否	□是□否
		市政供水压力不足或无水	真空无法产生或真空过小，无法完成确认	3	2	2	12	每班试机	3	1	1	3	□是□否	□是□否
		吸尘器管脱落或破损	无法完成除尘以及剔废品的清理	3	2	2	12	每班检查	3	1	1	3	□是□否	□是□否
		吸尘布袋破裂或积尘过多	导致吸尘风量较小或粉尘外泄造成污染	3	2	1	6	每班结束后检查	3	1	1	3	□是□否	□是□否
		感应探头位置不当或失灵	导致不能正常感应物料多少，造成缺料	2	2	2	8	调整探头位置，至合适位置	2	1	1	2	□是□否	□是□否
		门安全互锁损坏或失灵	导致设备无法正常启动或运行途中停机	2	2	2	8	检查互锁装置，关闭安全门进行试机	2	1	1	2	□是□否	□是□否

续表

序号	项目	风险发生的情况	风险可能导致的后果	S	F	D	RPN	控制风险预估措施	控制后风险再评估				风险是否可接受	是否引入新风险
									S	F	D	RPN		
4	生产运行	计量充填杆磨损严重	导致计量不准确，无法准确判定装量	2	2	2	8	不定期检查充针，发现损坏更换	2	1	1	2	□是□否	□是□否
		铜盘磨损偏面，高低不平	导致运转过程中漏粉现象较为严重，物料不平衡	3	2	2	12	不定期检查铜盘，损坏时进行修复	3	1	1	3	□是□否	□是□否
		模块收缩阻力大或不收缩	导致轴磨损加大或撞车，从而彻底导致确认失败	3	2	1	6	不定期更换轴承及轴套或加注润滑脂	3	1	1	3	□是□否	□是□否
		模块孔内有毛刺	导致胶囊不能顺利进入模孔，导致损耗增加	2	2	2	8	不定期检查并修复	2	1	1	2	□是□否	□是□否
		锁囊针位置松动或偏心	导致胶囊锁合力度不够或偏高，导致成品不合格	3	2	2	12	调节针座并调整整体高度	3	1	1	3	□是□否	□是□否
		真空吸座堵塞或孔径磨损	导致胶囊无法良好分离，造成损耗偏高	3	2	2	12	检查并疏通或修复或更换	3	1	1	3	□是□否	□是□否
		药粉过黏或过硬	导致模具被堵塞或粘住，导致胶囊损耗偏高	3	3	2	18	调整物料黏度	3	2	1	6	□是□否	□是□否
		设定转速过快	导致胶囊装量出现波动，同时设备抖动加大	3	2	2	12	调整生产速度	3	1	1	3	□是□否	□是□否
		出囊顶针位置不对或偏心	导致胶囊出囊不畅，出现瘪囊现象	2	2	2	8	调整中心位置	2	1	1	2	□是□否	□是□否
		充针弹簧弹性不足	导致充填杆压合力度不够，料粉装量不足，不易控制	2	2	2	8	不定期检查并更换弹簧	2	1	1	2	□是□否	□是□否

确认结果评价：

评价人： 日期： QA主管： 时间：

记录人（签名）： 复核人（QA签名）： 日期：

（三）确认流程及职责

确认应在充分的风险评估完成后进行，在确认实施前，应对流程、职责、所需文件、常用测量仪器仪表、物料、依据、计划和人员培训等进行准备和确认，确认实施必须按照运行确认（OQ）→性能确认（PQ）的确认顺序进行，确认过程中出现不合格项，此确认应立即终止。

参与确认的部门主要有设备管理部、生产管理部和质量管理部，职责如下。

确认部门主要职责

序号	部门	职责
1	设备管理部	组织确认实施，根据确认项目起草确认方案，并按计划组织实施确认
2	生产管理部	按既定方案实施确认，同时匹配物料进行实载性能连续确认
3	质量管理部	监督本确认方案的执行，及时对异常情况进行反馈处理，对关键结论进行复核

对确认小组成员进行分工，应明确职责，并将分工情况填入下表中。

确认小组成员职责

<table>
<tr><td colspan="3">确认项目</td><td>NJP-2000全自动胶囊充填机运行、性能确认</td></tr>
<tr><td colspan="3">确认小组人数</td><td>______人</td></tr>
<tr><th>层级</th><th>姓名</th><th>所属部门</th><th>职责</th></tr>
<tr><td>组长</td><td></td><td>设备管理部</td><td>（1）负责组织编写确认方案
（2）领导协调确认项目的实施
（3）对确认过程的技术、质量负责
（4）组织确认方案的会审
（5）组织编写确认报告
（6）负责对确认过程中的偏差处理和变更控制的审查、上报
（7）负责对确认所需的仪表、仪器的校准工作</td></tr>
<tr><td rowspan="2">组员</td><td></td><td>生产管理部
（2~3人）</td><td>（1）组织岗位人员参与设备性能确认
（2）组织设备运行过程中所需的物料审批
（3）配合确认过程的实施，同时对相关技术参数把控
（4）负责确认过程记录的复核与收集、整理
（5）负责NJP-2000全自动胶囊充填机确认生产过程现场指导
（6）配合完成确认过程各种记录发放、现场指导、收集等工作
（7）负责各项物料的单据调拨，同时负责领取并核对物料
（8）负责各项物料的消耗以及剩余量的统计
（9）负责查看各岗位登记台账记录情况</td></tr>
<tr><td></td><td>质量管理部
（2~3人）</td><td>（1）负责监督确认实施过程，确认是否按方案进行
（2）收集、复核确认资料、数据并记录
（3）记录确认过程中的偏差处理和变更控制
（4）参与确认过程的技术性分析处理
（5）负责确认批次生产过程现场监控
（6）负责取样和现场检测工作
（7）负责发放中间产品流转证或放行证明文件</td></tr>
</table>

续表

层级	姓名	所属部门	职责
组员		质量管理部（2～3人）	（8）负责涉及验证的检验工作，提供检验记录 （9）编制相关产品质量标准以及检验标准 （10）提供NJP-2000全自动胶囊充填机性能确认产出产品的检验方法清单 （11）NJP-2000全自动胶囊充填机性能确认产出产品等已验证的测试的分析方法清单
		设备管理部（2～3人）	（1）负责设备运行前的相关保养及深度检查 （2）配合确认工作的开展 （3）负责相关公用系统的调度及运行 （4）负责确认工作相关记录的填写 （5）协助组长开展相关确认工作

（四）确认所需的文件

确认所需主体文件资料、存放确认表

资料名称	文件编号	存放地点	确认是否具备
NJP-2000全自动胶囊充填机确认资料			□是□否
药品生产质量管理规范（2010年版）			□是□否

（五）确认所需常用测量仪器仪表

确认工作开展过程中，经常会涉及长度、重量、温度等相关变量的检测，因此在确认开展前，应对此类涉及的测量仪器或工具进行基本用途以及参数的确认，请确认涉及本次使用到的测量用仪器仪表（设备）。

常用测量仪器仪确认表

序号	名称	型号	主要参数	用途	确认是否符合要求
1	多路温度测试仪	ZJ1016型	-50～1410℃/精度0.1级	温度测量	□是□否
2	游标卡尺	-	0～200mm/精度0.02mm	测量长度	□是□否
3	红外温度仪	GM531	-50～530℃/0.1℃/可自校	测量温度	□是□否
4	钢制卷尺	5m	5米/0.01米	测量长度	□是□否
5	照度计	TES-1330A	20～20000LUX/0.01LUX	照度测量	□是□否
6	声级计	DT-805	30～130dB	噪声测量	□是□否
7	千分尺	0～25mm	0～25mm/0.01mm	厚度测量	□是□否
8	电子天平	YP10002	0～100g/0.01g	重量测量	□是□否
9	电子天平	JA1003N	0～110g/0.001g	重量测量	□是□否
10	电子台秤	TCS-150	0～150kg/0.01kg	重量测量	□是□否
11	温湿度计	HTC-1	-20～60℃/0.1℃	温湿测量	□是□否
12	电导率仪	DDS-307A	0.00～100μS/cm	电导率	□是□否
13	塞尺	W2826B	0.02～1.0mm	间隙测量	□是□否

确认工作须开展产品质量检验，对于涉及检验项目必须对检验仪器进行有效期内的确认，以确定检验、检测仪器在校准有效期内使用，对于通用及常用检测仪器、仪表确认如下。

通用及常用检验仪器、仪表确认表

序号	名称	规格型号	常规用途	确认是否在有效期
1	生物显微镜	XSS-2A	显微鉴别	□是□否
2	电子天平	AE-240	称量	□是□否
3	电子天平	MS105	对照品称量	□是□否
4	电热鼓风干燥箱	101	水分、薄层鉴别	□是□否
5	多功能紫外透射仪	ZF-501	薄层鉴别	□是□否
6	酒精计	50%~100%	酒精度	□是□否
7	千分尺	0~25mm	厚度测量	□是□否
8	游标卡尺	0~13cm	长度/厚度测量	□是□否
9	钢制卷尺	5m	长度/厚度测量	□是□否

（六）确认过程中物料选择原则及质量要求

1.NJP-2000全自动胶囊充填机性能确认物料要求 基于综合制剂车间NJP-2000全自动胶囊充填机主要用于胶囊充填工序，其生产过程中关键要求是生产速度以及产品装量及质量控制，因此在选择性能确认物料时，应参照生产过程中的关键要求进行选择，因此根据相应生产批次结合的方式，选择实训1号胶囊0.4克/粒作为带料运行物料，其具体要求（品名、批次、上机数量、作用对象等）如下。

NJP-2000全自动胶囊充填机性能确认上机物料要求表

序号	要求项目	具体要求	备注
1	产品名称	实训1号胶囊，0.4克/粒	
2	空心胶囊	明胶空心胶囊，满足单批次上机数量要求不低于160万粒	
3	药粉数量	实训1号胶囊药粉，满足160万粒充填需求量为准	

（1）确认方法　根据NJP-2000全自动胶囊充填机性能确认上机物料要求表逐一比对检查，并根据检查情况作出单项结果判定。

（2）确认结果判定标准　对物（料）检查与物料要求表内容吻合则判定合格，确认有效，反之则不合格，执行偏差处理。

（3）偏差识别依据　通过确认匹配物料与物料要求表中要求不一致则视为偏差。

（4）偏差处理办法　按《偏差处理管理办法》执行。

（5）确认结果　NJP-2000全自动胶囊充填机上机物料确认结果如下。

上机物料确认结果及评价表

填写日期：　　　年　　　月　　　日

序号	要求项目	具体要求	确认结果
1	产品名称	实训1号胶囊，0.4克/粒	□符合 □不符合
2	空心胶囊	明胶空心胶囊，满足单批次上机数量要求不低于160万粒	□符合 □不符合
3	药粉数量	实训1号胶囊药粉，满足160万粒充填需求量为准	□符合 □不符合

确认结果评价：

评价人：　　　　日期：　　　　QA主管：　　　　时间：

记录人（签名）：　　　　复核人（QA签名）：　　　　日期：

2.NJP-2000全自动胶囊充填机性能确认上机物料质量标准　为使NJP-2000全自动胶囊充填机性能确认准确无误地开展，因此在确定上机物料、数量、规格等后应及时对上机物料进行质量标准检查，此项工作的开展有助于排除不稳定因素对设备的性能确认所造成的影响，能够及时、准确、高效地开展性能确认。

性能确认上机物料质量标准确认表

序号	物料名称	物料编号	性状法定标准	性状内控标准	确认结果
1	实训1号胶囊浸膏	Z001	—	应为深棕褐色稠厚的半流体	□符合 □不符合
2	明胶空心胶囊	F017	应呈圆筒状，系由可套合和锁合的帽和体两节组成的质硬且具有弹性的空囊。囊体应光洁、色泽均匀、切口平整、无变形、无异臭。本品为透明（两节均不含遮光剂）、半透明（仅一节含遮光剂）、不透明（两节均含遮光剂）三种	应呈圆筒状，系由可套合和锁合的帽和体两节组成的质硬且具有弹性的空囊。囊体应光洁、色泽均匀、切口平整、无变形、无异臭。本品为透明（两节均不含遮光剂）、半透明（仅一节含遮光剂）、不透明（两节均含遮光剂）三种	□符合 □不符合
3	玉米淀粉	F012	应为白色或类白色粉末。本品在冷水或乙醇中均不溶解	应为白色或类白色粉末。本品在冷水或乙醇中均不溶解	□符合 □不符合
4	实训1号胶囊药粉	—	—	为棕黄色至黄棕色的粉末或颗粒；气香，味酸、微甜、苦	□符合 □不符合

（七）确认依据

（1）规范类文件确认　确认公司是否具备下列规范性文件，并填写管理编号。

规范性文件确认表

序号	文件名称	管理编号	确认是否具备
1	《药品生产质量管理规范》(2010年版)		□是□否
2	《药品生产质量管理规范》附件2:《确认与验证》		□是□否
3	《药品生产验证指南》(2010年版)		□是□否

(2)管理类文件确认　确认公司是否具备下列管理类文件，并填写管理编号。

管理类文件确认表

序号	文件名称	管理编号	确认是否具备
1	《验证管理规程》		□是□否
2	《厂房、设施、设备确认管理规程》		□是□否
3	《批记录归档标准操作规程》		□是□否
4	《生产区管理规程》		□是□否
5	《设备及管路状态标志管理规程》		□是□否
6	《计量器具管理规程》		□是□否
7	《检验仪器设备管理规程》		□是□否
8	《记录文件填写管理规程》		□是□否
9	《工艺规程执行管理规程》		□是□否
10	《状态标志管理规程》		□是□否
11	《物料平衡检查管理规程》		□是□否
12	《清场管理规程》		□是□否

(3)操作类文件　公司确认是否具备下列操作类文件，并填写管理编号。

操作类文件确认表

序号	文件名称	管理编号	确认是否具备
1	《NJP-2000全自动胶囊充填机操作规程》		□是□否
2	《NJP-2000全自动胶囊充填机维护保养操作规程》		□是□否
3	《NJP-2000全自动胶囊充填机清洁操作规程》		□是□否
4	《TCS系列电子台秤标准操作规程》		□是□否
5	《称量、复核标准操作规程》		□是□否
6	《胶囊充填岗位标准操作规程》		□是□否
7	《胶囊抛光、灯检岗位标准操作规程》		□是□否
8	《胶囊填充岗位清场标准操作规程》		□是□否
9	《千分之一电子天平标准操作规程》		□是□否
10	《千分之一电子天平清洁标准操作规程》		□是□否

(八)确认实施计划及培训

1.确认实施计划　本次确认拟定为两个阶段实施，其中第一阶段将对NJP-2000全自动胶囊充填机进行运行及性能确认，同时结合生产实际情况，开展连续三批次的带料生产；第二阶段为统计分析阶段，完成第一阶段工作并确认合格后，将开始通过日常的监测、巡检、定期全检等多方面汇总设备设施运行情况，进而确定设备或设施的稳定性以及符合性，第二阶段为持续性开展，直至设备停用或报废，或下一再确认周期开始。

NJP-2000全自动胶囊充填机再确认预期安排表

序号	工作内容	时间计划	主要进行工作
1	确认准备阶段	年　月　日前	立项、方案起草、仪器校验、方案参与人员培训等
2	确认实施阶段	年　月　日前	开展确认、收集数据、连续多次记载、过程控制等
3	确认汇总阶段	年　月　日前	汇总数据、深度剖析、出具结论、完成报告拟定等
4	确认总结阶段	年　月　日前	审核报告、出具证书、存档归案、完成本次确认等
5	启动第二阶段	年　月　日前	开展日常巡检、岗位记录、定期测试、完成全检等

2.确认培训　为确保再确认方案执行到位以及过程控制准确，因此在正式开展确认工作前应对主要参与确认的小组人员及岗位人员进行方案执行前的培训工作，同时对相应岗位设施设备的操作规程以及岗位操作规程同步进行培训，其中至少应包含培训工作计划表中所列培训内容，请就本次再确认培训工作计划时间在下表作出安排。

NJP-2000全自动胶囊充填机再确认培训工作计划表

序号	培训内容	时间计划	培训主体对象
1	GMP相关法规、确认与验证等内容	年　月　日前	确认小组全体成员
2	NJP-2000全自动胶囊充填机运行、性能确认方案	年　月　日前	确认小组全体成员
3	公用环境及公用设施、设备、系统培训	年　月　日前	确认小组全体成员
4	岗位操规、设施设备操规、清洁操规	年　月　日前	岗位操作人员

（1）确认方法　查阅培训相关资料，同时对参培人员进行随机口头提问，以判定培训是否进行及到位。

（2）确认结果判定标准　具有相关培训记录（签到表为准），同时参培人员对于提问内容清楚、明白，即为合格，确认结果为可接受，反之则视之为偏差。

（3）偏差识别依据　不符合结果判定标准中之要求，则视之为偏差。

（4）偏差处理办法　按《偏差处理管理办法》执行。

（5）确认结果　培训情况确认结果。

培训情况确认结果及评价表

填写日期：　　年　　月　　日

序号	培训内容	时间计划	培训主体对象	是否培训
1	GMP相关法规、确认与验证等内容	年　月　日前	确认小组全体成员	□是 □否
2	NJP-2000全自动胶囊充填机运行、性能确认方案	年　月　日前	确认小组全体成员	□是 □否
3	公用环境及公用设施、设备、系统培训	年　月　日前	确认小组全体成员	□是 □否
4	岗位操规、设施设备操规、清洁操规	年　月　日前	岗位操作人员	□是 □否

确认结果评价：

评价人：　　　　日期：　　　　QA主管：　　　　日期：

记录人（签名）：　　　　复核人（QA签名）：　　　　日期：

（九）运行确认（OQ）

1.开展运行确认的目的描述 确认目的：通过对NJP-2000全自动胶囊充填机开展运行确认主要目的是确认NJP-2000全自动胶囊充填机在运行过程中运行工况良好、控制有效，同时确认NJP-2000全自动胶囊充填机是否能够满足连续生产的需求。

2.相关操作规程确认 在开展运行确认过程前，应对岗位上最基本的设备、设施操作规程、清洁规程以及岗位操作规程文件进行设备、设施启动前的确认工作，以证明确认过程是在具有技术条件支撑的前提下开展的。

NJP-2000全自动胶囊充填机相关操作规程一览表

序号	确认项目	文件编码	管理部门	备注
1	NJP-2000全自动胶囊充填机标准操作规程	SOP-05-142-01	设备管理部	
2	NJP-2000全自动胶囊充填机保养标准操作规程	SOP-05-143-01	设备管理部	
3	NJP-2000全自动胶囊充填机清洁标准操作规程	SOP-05-144-01	生产管理部	

（1）确认方法 查询GMP文件目录，调取相关操作规程一览表当中所列文件。

（2）判定标准 文件名称、编码与相关操作规程一览表中所列一致，则视之为确认合格，反之则确认不合格。

（3）偏差识别 确认结果与相关操作规程一览表中不一致，则视之为偏差。

（4）偏差处理办法 按《偏差处理管理办法》执行。

操作规程确认具体结果。

NJP-2000全自动胶囊充填机相关操作规程确认结果及评价表

填写日期： 年 月 日

序号	确认项目	文件编码	管理部门	确认结果
1	NJP-2000全自动胶囊充填机标准操作规程		设备管理部	□符合 □不符合
2	NJP-2000全自动胶囊充填机保养标准操作规程		设备管理部	□符合 □不符合
3	NJP-2000全自动胶囊充填机清洁标操作规程		生产管理部	□符合 □不符合
确认结果评价：				
评价人： 日期： QA主管： 日期：				

记录人（签名）： 复核人（QA签名）： 日期：

3.NJP-2000全自动胶囊充填机运行前综合环境及能源供给确认 运行确认前应对设备、设施安装环境，能源供给等情况进行一次综合性确认，以便于后续的连续运行确认开展，具体确认项目如下。

NJP-2000全自动胶囊充填机运行确认前综合环境及能源供给要求一览表

序号	确认项目	可接受限度	备注
1	电源供给检查	380V 50Hz/220V 50Hz，满足生产能耗需求，多级安全防护	
2	水源供给检查	根据配套需求（饮用水、纯化水、蒸馏水）供给到位，压力正常，通断有效	

续表

序号	确认项目	可接受限度	备注
3	气源供给检查	根据岗位设备需求对压缩空气进行通断检查，气压满足、控制有效	
4	吸尘管路检查	管路连接到位，紧固可靠，除尘机接口安装卡箍，防止脱落	
5	真空管路检查	真空水管连接到泵，泵通过管路将真空输送到胶囊下囊位置	
6	常用工具	工作过程中常用工具应具备	
7	现场文件	工作台上应有正确的操作规程	

（1）确认方法　现场检查确认。

（2）判定标准　通过现场检查，所检查结果和综合环境与能源供给要求一览表一致，则判定确认合格，反之则不合格或偏差。

（3）偏差识别　确认结果和综合环境与能源供给要求一览表中不一致，则视之为偏差。

（4）偏差处理办法　按《偏差处理管理办法》执行。

运行前综合确认结果如下。

NJP-2000全自动胶囊充填机运行确认前综合环境及能源供给确认结果及评价表

填写日期：　　年　　月　　日

序号	确认项目	可接受限度	确认结果
1	电源供给检查	380V 50Hz/220V 50Hz，满足生产能耗需求，多级安全防护	□符合 □不符合
2	水源供给检查	根据配套需求（饮用水、纯化水、蒸馏水）供给到位，压力正常，通断有效	□符合 □不符合
3	气源供给检查	根据岗位设备需求对压缩空气进行通断检查，气压满足、控制有效	□符合 □不符合
4	吸尘管路检查	管路连接到位，紧固可靠，除尘机接口安装卡箍，防止脱落	□符合 □不符合
5	真空管路检查	真空水管连接到泵，泵通过管路将真空输送到胶囊下囊位置	□符合 □不符合
6	常用工具	工作过程中常用工具应具备	□符合 □不符合
7	现场文件	工作台上应有正确的操作规程	□符合 □不符合
确认结果评价： 评价人：　　日期：　　QA主管：　　日期：			

记录人（签名）：　　复核人（QA签名）：　　日期：

4.NJP-2000全自动胶囊充填机运行测试确认　在完成设备、设施启动前的确认工作后，应根据设备特性，开展综合运行确认，其中至少应包含设备启动、运行、部件功能测试等多方面，具体内容如下。

NJP-2000全自动胶囊充填机运行测试确认内容一览表

序号	确认项目	可接受限度	备注
1	确认总则	设备运行平稳、操控有效、通断正常	
2	运行时间	满足连续运行8小时以上；间断运行不得低于10小时	
3	电源开关	总开关从0至1，触摸屏显示，变频器也相应显示	

续表

序号	确认项目	可接受限度	备注
4	点动试机	将面板自动调整为电动，按下点动，设备低速运行为正常	
5	真空运行	按下真空泵，泵正常启动同时真空压力表示值正常则为可接受	
6	吸尘运行	按下除尘器，除尘器正常启动，用手明显感觉吸力正常，则为可接受	
7	加速测试	按下加速不松动，设备有低速持续向高速运行，直至2000粒/分，则为可接受	
8	减速测试	按下减速不松动，设备由高速向低速运行，直至400粒/分为可接受	
9	加料测试	按下手动加料，加料电机运转，则为加料有效，则为可接受	
10	缺料检测	在自动情况下，胶囊超下限，药粉超下限，设备应能自动停机为可接受	
11	自动控制	在速度控制栏输入固定生产速度，设备能自动增速达到设定值，则为可接受	
12	急停控制	急停按钮控制有效，响应迅速，则为可接受	

（1）确认方法　现场检查、启动设备进行功能测试并记载实际情况。

（2）判定标准　确认结果与运行测试确认内容一览表中所列可接受限度一致，则确认合格，反之则为不合格或偏差。

（3）偏差识别　确认结果与运行测试确认内容一览表可接受限度不一致则视之为偏差。

（4）偏差处理　按《偏差处理管理办法》执行。

NJP-2000全自动胶囊充填机运行测试确认结果如下。

NJP-2000全自动胶囊充填机运行测试确认结果及评价表

填写日期：　　　年　　　月　　　日

序号	确认项目	可接受限度	确认结果
1	确认总则	设备运行平稳、操控有效、通断正常	□符合 □不符合
2	运行时间	满足连续运行8小时以上；间断运行不得低于10小时	□符合 □不符合
3	电源开关	总开关从0至1，触摸屏显示，变频器也相应显示	□符合 □不符合
4	点动试机	将面板自动调整为电动，按下点动，设备低速运行为正常	□符合 □不符合
5	真空运行	按下真空泵，泵正常启动同时真空压力表示值正常则为可接受	□符合 □不符合
6	吸尘运行	按下除尘器，除尘器正常启动，用手明显感觉吸力正常，则为可接受	□符合 □不符合
7	加速测试	按下加速不松动，设备有低速持续向高速运行，直至2000粒/分，则为可接受	□符合 □不符合
8	减速测试	按下减速不松动，设备由高速向低速运行，直至400粒/分为可接受	□符合 □不符合
9	加料测试	按下手动加料，加料电机运转，则为加料有效，则为可接受	□符合 □不符合
10	缺料检测	在自动情况下，胶囊超下限，药粉超下限，设备应能自动停机为可接受	□符合 □不符合
11	自动控制	在速度控制栏输入固定生产速度，设备能自动增速达到设定值，则为可接受	□符合 □不符合
12	急停控制	急停按钮控制有效，响应迅速，则为可接受	□符合 □不符合

确认结果评价：

评价人：　　　　日期：　　　　QA主管：　　　　日期：

记录人（签名）：　　　　复核人（QA签名）：　　　　日期：

5.NJP-2000全自动胶囊充填机运行确认结果评价

NJP-2000全自动胶囊充填机运行确认结果评价表

运行确认结果评价与结论		
执行方案编号		
确认结论		
实施小组意见	同意确认结论 □ 实施成员签字：	不同意确认结论 □ 日期：
复核小组意见	同意确认结论 □ 复核人签字（QA主管）：	不同意确认结论 □ 日期：

（十）性能确认（PQ）

1.开展性能确认目的描述　确认目的：通过对NJP-2000全自动胶囊充填机开展性能确认主要目的是确认NJP-2000全自动胶囊充填机能够良好地与工作对象配套生产，同时经过设备加工的对象能够达到既定生产工艺标准，同时开展性能确认的另一目的在于检测设备在长时间带负荷运行状况下，设备运行可靠、产品质量统一等。

2.相关操作规程确认　为确保确认过程中岗位操作人员正确操作设备或设施，同时按照相应的工艺标准、质量标准文件要求进行达标生产，在开展性能确认前应对岗位操作规程、工艺规程等技术支撑性文件进行检查，确保文件支撑齐全，具体内容如下。

NJP-2000全自动胶囊充填机性能确认相关文件确认表

序号	确认项目	文件编码	管理部门	备注
1	NJP-2000全自动胶囊充填机标准操作规程		设备管理部	
2	NJP-2000全自动胶囊充填机保养标准操作规程		设备管理部	
3	NJP-2000全自动胶囊充填机清洁标操作规程		生产管理部	
4	胶囊充填岗位标准操作规程		生产管理部	
5	实训1号胶囊（0.4克/粒）工艺规程		生产管理部	

（1）确认方法　查询GMP文件目录，调取性能确认相关文件确认表中所列文件。

（2）判定标准　文件名称、编码与性能确认相关文件确认表中所列一致，则视之为确认合格，反之则确认不合格。

操作规程确认具体结果如下。

NJP-2000全自动胶囊充填机性能确认相关文件确认结果及评价表

填写日期：　　年　　月　　日

序号	确认项目	文件编码	管理部门	确认结果
1	NJP-2000全自动胶囊充填机标准操作规程		设备管理部	□符合 □不符合
2	NJP-2000全自动胶囊充填机保养标准操作规程		设备管理部	□符合 □不符合
3	NJP-2000全自动胶囊充填机清洁标操作规程		生产管理部	□符合 □不符合
4	胶囊充填岗位标准操作规程		生产管理部	□符合 □不符合

续表

序号	确认项目	文件编码	管理部门	确认结果
5	实训1号胶囊（0.4克/粒）工艺规程		生产管理部	□符合 □不符合

确认结果评价：

评价人：　　　　日期：　　　　QA主管：　　　　日期：

记录人（签名）：　　　　复核人（QA签名）：　　　　日期：

3.NJP-2000全自动胶囊充填机性能确认　为保障NJP-2000全自动胶囊充填机性能确认更加贴合实际生产情况，在完成运行及岗位技术支撑文件等确认工作后，应对NJP-2000全自动胶囊充填机开展实际的实载确认。实载确认结合生产工艺要求、产品质量要求、设备运行要求同步展开确认，并与生产进度结合至少以不低于3批次标准生产的物料进行上机实载确认，具体确认要求如下。

NJP-2000全自动胶囊充填机性能确认要求一览表

实载产品名称		实训1号胶囊	规格	0.4克/粒	批次产量	160万粒
本次生产批号			日期		执行工艺编号	
生产工艺要求		≤2000粒/分，装量误差控制在0.4克/粒±8%，锁合到位，外观完整、光洁，无毛刺				
序号	确认项目	可接受限度				备注
1	胶囊外观	外观应完整、光洁、色泽均匀；有梅花头、皱皮、缺口、气泡应在2%以内				
2	平均囊重	法定标准应控制在±10%，内控标准控制在±8%，平均装量差异在±2%以内				
3	上机率	全自动胶囊填充机载囊上机率应≥99%，装药上机率应≥98%				
4	除尘情况	残留粉尘（药粉）能够顺利吸走，具有较高的吸粉效果				
5	剔废控制	能够有效地将不合格（分囊不良、未分囊等）胶囊剔除，为可接受				
6	计量调整	计量调节响应有效，装量调整到位，满足工艺控制要求，为可接受				
7	设备运转	充填机整机运转平稳，过程中无异响，操控有效，为可接受				
8	操作控制	操作控制方便简单，与对应操作规程匹配程度较高，为可接受				
9	拆装情况	模具的拆卸较为方便，单人能够完成模具的拆装，为可接受				
10	清洁清场	清洁清场方便，可利用压缩空气进行吹扫，无死角、无泄漏，为可接受				

（1）确认方法　结合生产情况，进行实载带料确认，同时对关键参数进行记录并结合可接受限度进行单项确认结果判定。

（2）判定标准　确认结果与性能确认要求一览表中所列可接受限度基本一致，则视之为确认合格，反之则确认不合格。

（3）偏差识别　确认结果与性能确认要求一览表中不一致，则视之为偏差。

（4）偏差处理办法　按《偏差处理管理办法》执行。

操作规程确认具体结果如下。

NJP-2000全自动胶囊充填机性能确认结果及评价表

填写日期：　　年　　月　　日

实载产品名称		实训1号胶囊	规格	0.4克/粒	批次产量	160万粒
本次生产批号			日期		执行工艺编号	
生产工艺要求		≤2000粒/分，装量误差控制在0.4克/粒±8%，锁合到位，外观完整、光洁，无毛刺				
序号	确认项目	可接受限度				确认结果
1	胶囊外观	外观应完整、光洁、色泽均匀；有梅花头、皱皮、缺口、气泡应在2%以内				□符合 □不符合
2	平均囊重	法定标准应控制在±10%，内控标准控制在±8%，平均装量差异在±2%以内				□符合 □不符合
3	上机概率	全自动胶囊填充机载囊上机率应≥99%，装药上机率应≥98%				□符合 □不符合
4	除尘情况	残留粉尘（药粉），能够顺利吸走，具有较高的吸粉效果				□符合 □不符合
5	剔废控制	能够有效地将不合格（分囊不良、未分囊等）胶囊剔除，为可接受				□符合 □不符合
6	计量调整	计量调节响应有效，装量调整到位，满足工艺控制要求，为可接受				□符合 □不符合
7	设备运转	充填机整机运转平稳，过程中无异响，操控有效，为可接受				□符合 □不符合
8	操作控制	操作控制方便简单，与对应操作规程匹配程度较高，为可接受				□符合 □不符合
9	拆装情况	模具的拆卸较为方便，单人能够完成模具的拆装，为可接受				□符合 □不符合
10	清洁清场	清洁清场方便，可利用压缩空气进行吹扫，无死角、无泄漏，为可接受				□符合 □不符合
确认结果评价： 评价人：　　日期：　　QA主管：　　日期：						

记录人（签名）：　　　　复核人（QA签名）：　　　　日期：

4.胶囊外观检测　为确保充填过程中所检测到的成品胶囊属于外观合格的胶囊，因此在性能确认过程中需要开展胶囊的外观检测确认。

（1）确认方法　充填机启动5分钟后，开始取样，单次取样100粒左右，后每隔30分钟取样一次，数量不变；将取样后的胶囊放置于灯检台上，目测观察。

（2）判定标准　其外观应完整、光洁、色泽均匀，其中有梅花头、皱皮、缺口、瘪头、气泡的总数不得超过取样总量的2%，则视之为确认合格有效，反之则应进行调试或更换物料。

（3）偏差识别　确认结果与判定标准不一致，则视之为偏差。

（4）偏差处理办法　按《偏差处理管理办法》执行。

胶囊外观检测具体结果及评价如下。

胶囊外观检测记录及结果评价表

填写日期：　　年　　月　　日

胶囊外观检查记录

外观检测要求：外观应完整、光洁、色泽均匀，其中有梅花头、皱皮、缺口、瘪头、气泡的总数不得超过取样总量的2%，则视之为确认合格有效，反之则应进行调试。每30分钟取样1次，每次100粒。

取样	合格品（完整、光洁）	梅花头	皱皮	缺口	瘪头	气泡	其他	本次概率
第1次取样								
第2次取样								
第3次取样								
第4次取样								
第5次取样								
第6次取样								
第7次取样								
第8次取样								
第9次取样								
第10次取样								
第11次取样								
第12次取样								
第13次取样								
第14次取样								
第15次取样								
第16次取样								
第17次取样								
第18次取样								

外观检测结论：

确认结果评价：

评价人：　　日期：　　QA主管：　　日期：

记录人（签名）：　　复核人（QA签名）：　　日期：

备注：根据批次产量以及单位时间内设备产能核算，每完成160万粒胶囊生产期取样次数应不低于15次为合格。

5.囊重检测确认　为确保填充机所填充的成品胶囊重量保持在内控合格标准范围内，因此在性能确认过程中应同步开展胶囊计量重量的检测确认，具体方法及确认要求如下。

（1）确认方法　胶囊填充机开始装载物料进行实际运行后5分钟，进行取样，单次取样10粒进行重量检测，使用千分之一电子天平进行称量记录。

（2）判定标准　装量误差控制在0.4克/粒 ± 8%，平均装量差异控制在2%以内则判定合格，确认有效。

（3）偏差识别　确认结果与判定标准不一致，则视之为偏差。

（4）偏差处理办法　按《偏差处理管理办法》执行。

平均囊重检测具体结果及评价如下。

囊重检测记录及评价表

产品名称	实训1号胶囊	规格	每粒装0.4g	产品批号			批量		160万粒		
生产日期：　年　月　日　班至　年　月　日　班											
20粒空囊重：　g/粒；平均重：　g/粒											
（内容物+胶囊壳）粒重上限　g/粒					（内容物+胶囊壳）粒重下限　g/粒						
操作标准	记录频次：30分钟/次；检测数量：10粒/次。										
	1	2	3	4	5	6	7	8	9	10	结果判定
日　时　分											符合□ 不符合□
日　时　分											符合□ 不符合□
日　时　分											符合□ 不符合□
日　时　分											符合□ 不符合□
日　时　分											符合□ 不符合□
日　时　分											符合□ 不符合□
日　时　分											符合□ 不符合□
日　时　分											符合□ 不符合□
日　时　分											符合□ 不符合□
日　时　分											符合□ 不符合□
日　时　分											符合□ 不符合□
日　时　分											符合□ 不符合□
日　时　分											符合□ 不符合□
日　时　分											符合□ 不符合□
日　时　分											符合□ 不符合□
日　时　分											符合□ 不符合□
日　时　分											符合□ 不符合□
日　时　分											符合□ 不符合□

囊重检测结论：

确认结果评价：

评价人：　　　　日期：　　　　QA主管：　　　　日期：

记录人（签名）：　　　　复核人（QA签名）：　　　　日期：

6.上机率试验检测 本着减少浪费的原则，上机率试验在此次确认中以实载的形式进行，因此未在运行确认中开展此项工作，此项确认与性能确认同步进行，在性能确认过程中可以以一定时间内的上机胶囊与收得计算时段内的上机率，同时以最终当批次的产量进行上机率核算，具体方法及确认要求如下。

（1）确认方法 以投入生产运行的明胶空心胶囊总数为N_0，其中应将设备调试阶段所产生的不合格品进行剔除，最终收得的成品胶囊总数N。

$$SJ=N/N_0 \times 100\%$$

式中，SJ代表胶囊上机率；N代表最终获得成品数量，N_0代表本批次生产投入胶囊总量。

（2）判定标准 本批次带料生产结束后以不低于98%的成品胶囊上机率为确认合格。

（3）偏差识别 最终胶囊上机率未能达到拟定的98%，则视之为偏差。

（4）偏差处理办法 按《偏差处理管理办法》执行。

上机检测具体检测结果及评价如下。

上机率检测结果记录及评价表

填写日期： 年 月 日

项目 检测次数	上机速度 （粒/分）	持续生产时间 （min）	上机胶囊总数 （N_0）	无缺陷成品胶 囊数（N）	上机率	平均上 机率
第1次						
第2次						
第3次						
第4次						
第5次						
第6次						
第7次						
第8次						
第9次						
第10次						
胶囊上机率试验结论：						
确认结果评价： 评价人： 日期： QA主管： 日期：						

记录人（签名）： 复核人（QA签名）： 日期：

7.NJP-2000全自动胶囊充填机性能确认结果评价

NJP-2000全自动胶囊充填机性能确认结果评价表

性能确认结果评价与结论	
执行方案编号	TS-07-2018043-SB
确认结论	

续表

实施小组意见	同意确认结论 □ 实施成员签字：	不同意确认结论 □ 日期：
复核小组意见	同意确认结论 □ 复核人签字（QA主管）：	不同意确认结论 □ 日期：

8. 记录　因该性能确认与实际生产操作同步进行，操作人员填写原始记录复印件、QA人员现场监控记录及中心化验室化验员填写的检验原始记录复印件、检验报告书复印件等作为验证报告的记录文件或佐证文件，应具有良好的追溯性，以便查阅相应文件。

9. 确认评定及结果分析　NJP-2000全自动胶囊充填机运行及性能确认至此已基本完成，确认小组应根据实际确认过程中所记载的实际情况进行确认评价，同时结合相关批次的生产记录情况、检验情况进行综合分析并评定本次确认是否达到确认目的，同时对后续第二阶段监测观察提供具体意见。

（十一）确认中变更与偏差处理

确认过程中如果出现偏差和变更，应立即通知确认小组并对偏差和变更进行详细记录，分析偏差产生的根本原因、进行影响分析并提出解决方法。所有偏差和变更得到有效处理后，并且已被质量部批准，验证方可进入下一步骤。原始的偏差处理单和变更处理单经过批准后必须附在最终的验证报告中。

确认本次是否出现偏差和变更：是□　否□（若出现偏差和变更须填写下表）。

NJP-2000全自动胶囊充填机运行、性能确认偏差处理表

出现阶段	偏差和变更说明	处理措施	处理结果	备注
记录人：		审核人：		

（十二）确认结果风险评定与结论

确认小组组长负责指定专人或由小组成员收集各项验证、试验结果记录，对确认结果进行综合分析的汇总，并交质量管理部进行确认结果综合风险评审，主要包括但不限于以下内容。

（1）确认试验是否达成预期目标，有无遗漏。

（2）确认实施过程中对验证方案有无修改，修改原因、依据以及是否经过批准。

（3）确认记录是否完整，确认记载数据及单项评定是否真实客观。

（4）确认试验结果是否符合标准要求，偏差及对偏差的说明是否合理，是否需要进一步补充试验。

NJP-2000全自动胶囊充填机运行、性能确认综合评定结论表

序号	评定项目	评定结果	简略描述
1	确认是否达成预期目标	是□　否□	
2	确认方案有无修改，是否审批	有□　无□	
3	确认记录是否完整、内容真实	是□　否□	
4	试验结果是否符合标准要求	是□　否□	

按“公司《药品生产质量管理规范》(2010年版)质量管理文件”进行相应附表及记录填写，确认小组负责填写、收集、整理，并将所完成填写及审核的附表纳入确认报告文件当中，并最终报公司验证与确认领导小组进行签发及批复，并最终存档。

(十三)确认过程中异常情况处理

设备确认过程中应严格按照本方案及标准操作程序执行，当出现偏差项应按照偏差管理规定进行偏差处理；在偏差处理过程中如属设备运行方面原因造成偏差，应报请确认小组对设备进行技术检查，同时处理过程应记录在案。

(十四)再确认

本次确认实施完成后，确认小组应当对确认结果以及确认效果进行综合性评定，并对该台(套)设备的再确认周期作出具体拟定，在无重大维修或主体环境改变的前提下再确认周期应在三年以上。周期内出现符合再确认条件的情况应提前进行再确认。

六、评价与反馈

序号	评价内容	评价标准	分值	自评得分	教师评分
1	认识设备确认	(1)能说出设备确认的概念 (2)能说出设备确认的分类 (3)能说出设备确认的提出条件和流程 (4)能说出设备确认的流程	20		
2	风险评估	(1)能正确评估全自动胶囊充填机安装情况风险 (2)能正确评估全自动胶囊充填机仪表衡器风险 (3)能正确评估全自动胶囊充填机人员培训风险 (4)能正确评估全自动胶囊充填机生产运行风险 (4)能对全自动胶囊充填机进行风险控制措施后再评估	20		
3	确认	(1)能开展流程和职责确认工作 (2)能开展所需文件确认工作 (3)能开展所需常用测量仪器仪表确认工作 (4)能开展性能确认所需物料要求及质量标准确认工作 (5)能开展规范文件确认工作 (6)能开展实施计划及培训确认工作 (7)能开展运行确认工作 (8)能开展性能确认工作 (9)能正确处理确认中的变更与偏差	50		

续表

序号	评价内容	评价标准	分值	自评得分	教师评分
4	资料填写与分析	(1)能正确填写确认过程中涉及的各种资料表格 (2)能对确认结果进行综合分析汇总	10		
合计					

实训任务 1-4　设备资料管理

一、学习目标

1.掌握《设备管理规程》对设备资料管理的相关规定。

2.能够对设备资料进行建档和日常管理：内部使用、查询、外借等一系列日常管理事宜。

3.具备有条不紊和清晰明了的工作思路。

二、任务描述

入职后被分配到了设备管理科的设备资料管理岗位，公司刚采购了一台胶囊充填设备，要求对胶囊充填设备进行资料建档，并负责设备管理员岗位的常规工作。

三、获取资讯

(一)公司内部设备档案管理规程

设备管理规程

文件编码	SMP-05-001-01			
文件形成及控制：				
	部门	姓名	签名	日期
起草人	设备管理部			年　月　日
审核人	设备管理部			年　月　日
	质量管理部			年　月　日
批准人	生产负责人			年　月　日
执行日期	20　年　月　日			
颁发部门	GMP文件办		年　月　日	
	存档(书面、电子文档)各2份	颁发份数	各部门1份，共2份	
分发部门	采供管理部[　]　质量管理部[√]　生产管理部[　] 设备管理部[√]　仓储物流部[　]　营销管理部[　] 人力行政部[　]　财务管理部[　]			

1.目的 设备档案是鉴定评价（仪器）技术状态的科学资料，是为保障设备正常运行并处于良好状态的重要依据；应建立设备档案的完善管理制度，做到有据可依，有案可查。

2.范围 该规程适用于公司所有生产生活设施、设备档案的存储、使用、查阅。

3.职责 设备管理部负责公司全部的设备技术资料的收集整理、建档和保存工作。设备管理员负责公司设备档案的日常管理，包括内部使用、查询、外借等一系列日常管理事宜。

4.内容

（1）凡是公司购入的关键设备或价值较高的设备均建立档案。

（2）设备档案管理　由设备管理部门设备管理员统一管理，档案保存在设备管理部门档案室；应及时进行检查整理，并保持档案的完整性、连续性。

（3）设备档案建立的内容范围　国家设备管理法规、行业条例标准；公司设备管理相关规程、标准、程序文件资料；设备配置原始资料；设备、工程验收资料；设备台账；主要设备技术资料档案；关键设备履历技术档案；其他。

（4）设备管理部门设备管理员应将国家设备管理法规、行业条例标准、公司设备管理相关规程、标准、程序文件资料等统一归档保存。

（5）设备配置原始资料的管理　由设备管理部门设备管理员将设备的选型比较资料或论证报告、设备购置申请、合同及付款进度表等原始配置资料统一装订存档。

（6）设备、工程验收资料的归档　设备管理员将设备的开箱验收记录、安装调试验收记录、工程竣工验收资料等各自统一装订、归档存入各设备设施档案袋。

（7）建立设备台账，分类登记，统一编号管理。

（8）建立主要设备技术资料档案袋，内容如下。

1）资料清单、装箱单、合格证、使用说明书、质量证明书、材质证明书、资质证明书、易损配件清单、装配图电气图等设备随机原始资料。

2）技术监测与检定、更新改动情况的原始资料。

3）设备运行与巡回检查记录、维修记录、事故处理记录等原始资料。

（9）建立关键设备履历技术档案，记录以下内容。

1）设备名称、出厂编号、生产厂家、设备主要技术参数、使用部门、出厂日期、进厂投产日期。

2）附属设备设施及主要配件和易损件的名称、规格、型号、数量。

3）设备变更记录，包含设备的大修、主要配件更换、更新改动及变动情况。

4）设备技术检测情况。

（10）各相关责任人员应及时填写设备原始技术档案资料和记录，填写时要规范、整齐、清楚，并认真保管相关的现场记录资料，及时收集整理归档。

（11）设备技术资料仅公司内部借阅，应办理借阅登记手续，并应禁止损坏、及时归还防止遗失。

（12）设备档案管理人员因工作等原因调离本岗位时，应做好档案移交工作，移接工作未办妥之前，原则上不宜安排新的工作或办理调动、退休手续。

（13）设备档案的处理　在设备报废后，经设备管理部门审核设备档案可进行销毁处理。

（14）档案室必须密闭，环境干燥，避免档案受到虫鼠的损坏。

附表：变更登记表

变更的内容	变更依据	变更实施时间	变更批准	变更审批文号	备注

（二）受控文件的管理要求

根据GMP要求，标准操作规程和记录必须受控的、正式的。受控文件必须包含以下6个要素。

（1）文件的创建人是谁？

（2）该文件和录入的数据由谁审核？

（3）该文件由谁批准、在什么时候批准？

（4）该文件处于什么状态？是草案，还是正在修订，是否生效（从何时开始生效），还是这是旧版文件？

（5）该文件的编号和修订号是什么？包含多少页？有多少个附录？

（6）该文件是否为批准使用的文件（受控／已登记的文件），或者是计算机系统打印的批准文件？

这些文件就是受控文件，只能分发给相关的人员并作为受控版本，也就是说，这些文件不能由其他任何人随意进行修改。

复制文件时，应特别注意：复印的每一份文件、记录或者打印件都必须完整且字迹清晰以确保信息没有丢失。不允许进行非受控文件的复制，使用非受控文件会很危险，当原版文件的更改或新版本已批准时，仍然有人在使用这些非受控文件，在这种情况下，错误不可避免。使用纸质文件的公司必须规定由谁进行文件复印、如何区分文件原件和授权的复印件（例如，使用数字、水印或特殊纸张）、旧版本文件如何收回。在GMP环境下，只能使用批准的最新版文件，禁止使用草案或者非受控复印件。

使用经过验证的计算机化系统管理文件受控更容易，以上6个要素是由软件自动完成的，不需要人工干预，同时计算机权限取代纸质文件分发、回收过程。

（三）设备状态技术监测

在各级设备检查中，为进一步了解和把握设备技术性能，采用现代化管理技术、手段和方法，开展设备状态监测和故障诊断工作，以早期定量地预测设备的恶化程度，采取相应措施，减少故障停机次数，使设备维修转变成状态预知维修。常用的设备状态检测办法如下。

1.温度监测技术 通过对运行中设备局部温度的在线或巡回监测获取运行中设备部件技术状态的信息，测量方法有接触式和非接触式。

2.电流监测技术 通过对运行中设备原动机电流的时间曲线波动分析，获取设备或部件技术状态的测量方法。

3.振动监测技术 通过对设备振动信号的收集、测量和分析，判断设备或部件的恶化程度，并分析设备产生某一振动频率相位的原因。

4.监测物理量 振幅（位移、速度、加速度）、频率、相位角等。

5.诊断方法 积累数据预测变化趋势、频谱分析、谐波分析等。

6.油液分析技术 通过收集设备润滑油理化性能指标和不溶性成分，分析、判断设备及部件的磨损程度。

7.无损检测技术 在不损伤和不破坏材料或设备结构情况下，对材料或设备结构的物理性质内部结构进行检测，判断设备结构内部缺陷（如裂纹、未焊透、气泡等）及检测部位的厚度。

8.噪声监测技术 通过对设备噪声信号的采集、测量和分析，判断和识别噪声源的部位并分析故障原因。

各级设备管理部门应本着经济实用原则，按实际监测和诊断项目的需要配置一定数量的监测设备。各使用部门严格按照各类设备的使用和维护说明书正确使用和维护监测仪器设备，确保仪器设备性能完好。

四、问题引导

1.公司采购回来一台胶囊充填设备，设备已完成安装调试验收，进入使用阶段，请给该台设备建立技术档案，技术档案包括哪些内容？

____

____

2.档案的日常管理包括哪些内容？

____

____

3.行业相关标准、国家规章制度、公司管理规程等文件应如何管理？

____

____

五、任务实施

1.收集资料　国家设备管理法规、行业条例标准；公司设备管理相关规程、标准、程序文件资料都属于公司受控文件，受控文件的管理是公司资料管理人员的重要工作，对于动态变化的受控文件需要管理员进行及时更新，最新版本的文件需要发放到使用文件的部门并将作废的文件回收，发放和回收时要有双方确认的签字。收集的资料包括国家新颁布的设备管理法规、行业条例标准；公司变动的管理程序、程序文件、记录表格等。

本次任务中将收集新购买的胶囊充填设备相关的技术资料，包括资料清单、装箱单、合格证、使用说明书、质量证明书、材质证明书、资质证明书、易损配件清单、装配图、电气图等设备原始资料；设备的开箱验收记录、安装调试验收记录、工程竣工验收资料。在设备运行后，还需收集技术检测和检定、更新改动等情况的原始资料。设备运行后，设备的运行与巡回检查记录、维修记录、事故处理记录等资料也需要进行收集。

2.建立档案

（1）建立胶囊充填设备技术资料档案袋

1）资料清单、装箱单、合格证、使用说明书、质量证明书、材质证明书、资质证明书、易损配件清单、装配图、电气图等设备随机原始资料放入档案袋。

2）设备的开箱验收记录、安装调试验收记录、工程竣工验收资料等各自统一装订、归档存入该设备的技术资料档案袋。

3）技术检测与检定、更新改动情况的原始资料放入该设备的技术资料档案袋。

4）设备运行与巡回检查记录、维修记录、事故处理记录等原始资料，如果有，放入该设备的技术资料档案袋，如果目前没有，后期有的时候需放入该档案袋。

5）为档案袋打印封面，包括设备名称，存档目录等信息。

（2）建立胶囊充填设备履历技术档案和记录

1）填写胶囊充填设备履历技术表，内容包括设备名称、出厂编号、生产厂商、设备主要技术参数、使用部门部位、出厂日期、进厂投产日期。

设备履历表

<table>
<tr><td>设备名称</td><td colspan="2"></td><td colspan="2">规格型号</td><td></td></tr>
<tr><td>制造厂家</td><td colspan="2"></td><td colspan="2">供货厂家</td><td></td></tr>
<tr><td>出厂编号</td><td colspan="2"></td><td colspan="2">出厂日期</td><td></td></tr>
<tr><td>到货日期</td><td></td><td>安装日期</td><td></td><td>始用日期</td><td></td></tr>
<tr><td>安装单位</td><td colspan="2">安装位置</td><td colspan="2"></td><td></td></tr>
<tr><td>设备来源</td><td colspan="2">新增（　）/技改（　）</td><td colspan="2"></td><td></td></tr>
<tr><td colspan="6">设备技术参数</td></tr>
</table>

续表

随机技术文件资料

文件名称	份数	文件名称	份数

2）附属设备设施及主要配件易损件的名称、规格、型号、数量。

设备易损件清单

编号：

序号	设备编号	设备名称	零件名称	规格/型号	数量	更换周期	采购周期	安全库存

编制： 审核： 批准：

保存期限：

3）设备变更记录，包含设备的大修、主要配件更换、更新改动及变动情况。

生产设备设施变更执行记录

版本：　　　　　　　　　　　　　　　　　　　　　　编号：

生产设备名称			
变更负责人		责任部门	
变更时间		变更地点	
使用部门		安全管理部门	
供方单位		安装单位	
变更行为	危险源辨识和风险评估	安全技术措施	
设备安装			
设备调试			
设备使用			
设备报废拆除（停用）			
制定人			
相关方确认			

制表：　　　　　　记录人：　　　　　　记录时间：　　　　　　存档：

4）设备技术监测情况。

设备技术监测情况表

编号：

设备项目	检查内容	检查结果

续表

设备项目	检查内容	检查结果

检查人：　　　　　　　　　　年　　月　　日

3.建立设备台账

设备（固定资产）台账

序号	本厂编号	设备、资产名称	型号规格	外形尺寸	功率 kW	制造单位	制造/进厂日期	出产编号	资产编码	使用部门/部位	管理类别	备注
1												
2												
3												
4												
5												
6												
7												
8												
9												
10												
11												
12												

部门：　　　　　　记录：　　　　　　复核：　　　　　　审批：

4.保存档案和档案的日常管理。

5.将设备档案放入设备档案室，并在档案登记表中进行登记。

六、评价与反馈

序号	评价内容	评价标准	分值	自评得分	教师评分
1	知识准备	(1)熟悉关于设备管理的相关规定，熟读《设备管理规程》 (2)理解档案管理的对象、档案管理的工作分类，以及理解档案管理的内容 (3)理解受控文件的管理要求 (4)理解设备状态技术监测的要求	20		
2	接收任务	采购回来一台胶囊充填设备，设备已完成安装调试验收，进入使用阶段，请给该台设备建立技术档案，并列出工作清单	20		
3	任务实施	(1)相关法律法规的收集，能够说出相关法律法规的名称，并根据是否为受控文件进行分类 (2)设备技术资料的收集，能够说出设备有哪些技术资料，并列出资料清单			
4	任务实施	(1)能够填写胶囊充填设备履历技术表 (2)能够填写设备易损件清单 (3)能够根据设备变更情况填写设备变更记录 (4)能够根据设备运行状况填写设备技术监测情况表 (5)对公司所有设备建立设备台账，制作状态标识 (6)对设备的技术资料进行整理后归入档案，并将资料清单打印贴入档案盒	40		
合计					

实训任务 1-5 胶囊充填机规程编制

一、学习目标

1.掌握胶囊充填机标准规程种类和编制内容。

2.能起草编制胶囊充填机使用标准操作规程。

3.具备GMP意识和科学严谨的工作态度。

二、任务描述

公司采购NJP-2000全自动胶囊充填机1台，现由设备部起草NJP-2000全自动胶囊充填机使用标准操作规程1份。

三、获取资讯

标准操作规程（standard operating procedure，SOP）是指经批准后用以指导操作者完成某一特定工作的通用性文件或管理办法。

SOP的内容有：规程题目、规程编号、起草人及起草日期、审核人及审核日期、批准人及批准日期、执行日期、颁发部门、分发部门、文件修订记录、正文。

我国GMP规定“应当建立设备使用、清洁、维护和维修的操作规程，并保存相应的操作记录”。常见的制药设备SOP如下。

1.设备使用标准操作规程 描述生产设备的操作方法、步骤、注意事项等；其正文内容有目的、适用范围、职责、操作步骤、注意事项及变更登记等。

2.设备维护保养标准操作规程 正文内容有目的、适用范围、职责、维护保养及变更登记等。维护保养的内容主要有日常保养、维护保养和点检。

3.设备清洁标准操作规程 正文内容有目的、适用范围、职责、清洁项目及主要内容、变更登记等。清洁项目及主要内容一般包括清洁对象、清洁频次、清洁地点、清洁用具、消毒剂、清洁方法、干燥存放、清洁工具的清洗和存放、废弃物处理、清洁效果评价、清洁有效期等。

四、问题引导

1.起草胶囊充填机使用标准操作规程的目的是什么？

____

____

2.胶囊充填机使用标准操作规程的职责范围包括哪些？

____

____

3.胶囊充填机使用标准操作规程的操作步骤如何确定？

____

____

4.什么情况下变更胶囊充填机使用标准操作规程？

____

____

五、任务实施

查阅胶囊充填机说明书及相关资料，依据资料试操作，起草胶囊充填机使用标准操作规程，按规程试操作修订无误后完成。

XXX型全自动胶囊充填机使用标准操作规程

文件编码	

文件形成及控制：

<table>
<tr><td></td><td>部门</td><td>姓名</td><td>签名</td><td colspan="2">日期</td></tr>
<tr><td>起草人</td><td></td><td></td><td></td><td colspan="2">年　月　日</td></tr>
<tr><td>审核人</td><td></td><td></td><td></td><td colspan="2">年　月　日</td></tr>
<tr><td>审核人</td><td></td><td></td><td></td><td colspan="2">年　月　日</td></tr>
<tr><td>批准人</td><td></td><td></td><td></td><td colspan="2">年　月　日</td></tr>
<tr><td>执行日期</td><td colspan="5">年　　月　　日</td></tr>
<tr><td rowspan="2">颁发部门</td><td colspan="2">GMP文件办</td><td colspan="3">年　月　　日</td></tr>
<tr><td colspan="2">存档（书面、电子文档）各[　]份</td><td>颁发份数</td><td colspan="2">各部门[　]份，共[　]份。</td></tr>
<tr><td>分发部门</td><td colspan="5">物控管理部[　]　质量管理部[　]　生产管理部[　]
设备管理部[　]　营销管理中心[　]　财务管理部[　]
企业管理部[　]</td></tr>
</table>

文件修订历史表如下。

历史版本号	执行日期	修订内容及原因

1.目的

2.范围

3.职责

（1）起草与修订

（2）审核

（3）岗位操作

4. 内容

（1）使用（操作）

1）开机前准备工作

2）开机运行

3）操作结束停机

（2）注意事项

（3）设备清洁

5. 附页（变更登记）

变更的内容	变更依据	变更实施时间	变更批准	变更审批文号	备注

六、评价与反馈

序号	评价内容	评价标准	分值	自评得分	教师评分
1	认识标准操作规程	能说出标准操作规程的内容	10		
2	设备使用标准操作规程	能说出设备使用标准操作规程的正文内容模块	10		
3	设备维护保养标准操作规程	能说出设备维护保养标准操作规程的正文内容模块	10		
4	设备清洁标准操作规程	能说出设备清洁标准操作规程的正文内容模块	10		

续表

序号	评价内容	评价标准	分值	自评得分	教师评分
5	起草胶囊充填机使用标准操作规程	（1）能正确查阅胶囊充填机说明书及相关资料 （2）能正确起草胶囊充填机使用标准操作规程	40		
6	胶囊充填机使用标准操作规程测试	按胶囊充填机使用标准操作规程操作，设备能正常运行	20		
合计					

项目二　制药设备巡检与保养

实训任务 2-1　制药设备巡检

一、学习目标

1. 掌握设备的巡检范围、巡检内容；常用设备的巡检方法，并能够正确使用常用的仪器工具。

2. 能够对运行中设备存在的问题及时发现并进行处理，消除事故隐患。

3. 能够对设备简单的故障进行排除。

4. 具备安全意识、敏感的判断力、强烈的岗位责任感。

二、任务描述

在设备科，作为一名设备管理员（设备维修员），其中一项常规工作便是设备的巡检，每天执行巡检任务。

三、获取资讯

（一）关于设备巡检的有关规定

设备巡回检查管理规程

<table>
<tr><td>文件编码</td><td colspan="4">SMP-05-007-01</td></tr>
<tr><td colspan="5">文件形成及控制：</td></tr>
<tr><td></td><td>部门</td><td>姓名</td><td>签名</td><td>日期</td></tr>
<tr><td>起草人</td><td>设备管理部</td><td></td><td></td><td>年　月　日</td></tr>
<tr><td rowspan="2">审核人</td><td>设备管理部</td><td></td><td></td><td>年　月　日</td></tr>
<tr><td>质量管理部</td><td></td><td></td><td>年　月　日</td></tr>
<tr><td>批准人</td><td>生产负责人</td><td></td><td></td><td>年　月　日</td></tr>
<tr><td>执行日期</td><td colspan="4">年　月　日</td></tr>
<tr><td rowspan="2">颁发部门</td><td>GMP文件办</td><td colspan="3">年　月　日</td></tr>
<tr><td>存档（书面、电子文档）各2份</td><td>颁发份数</td><td colspan="2">各部门1份，共2份</td></tr>
<tr><td>分发部门</td><td colspan="4">采供管理部[ ]　质量管理部[√]　生产管理部[ ]
设备管理部[√]　仓储物流部[ ]　营销管理部[ ]
人力行政部[ ]　财务管理部[ ]</td></tr>
</table>

1.目的　通过检查，及时发现设备故障，消除事故隐患，及时进行维修，避免事故的发生，保证设备的正常运行和安全生产。

2.范围　运行的设备。

3.职责　操作人员、机修人员、车间设备员、设备管理部。

4.内容

（1）巡检内容

1）操作人员每天对使用的设备进行检查。检查项目：温度、润滑、仪表以及设备对产品质量的影响。简单问题可自行修理解决，恢复设备正常状态；较大故障要积极采取措施并报告有关部门。

2）维修人员每天到各车间进行巡回检查，内容包括：①操作人员是否遵守操作规程。②设备运行情况是否正常，是否超负荷。③设备零部件和安全防护装置是否齐全有效。④设备润滑是否按要求进行。⑤设备有无跑、冒、滴、漏现象。⑥发现异常情况应及时解决，对重大问题不能处理的，要上报设备部决定处理办法。

（2）设备部设备员每月巡检两次以上，随时掌握设备情况，发现问题及时解决，检查人员应同时对巡回检查的情况进行记录，填写《设备巡回检查记录表》。

（3）设备部对巡检中发现的事故隐患，应采取积极措施，根据巡检情况对设备故障的部位、原因、周期等进行系统分析，为设备维修保养提供依据。

（4）记录名称及编码　《设备巡回检查记录表》。

（二）巡检的方法

1.眼看　用双眼目测来观察设备设施的可见部位，观察其外表变化来发现异常现象是巡查最基本的方法。如标色设备的漆色变化，裸金属色泽，设备油料油色的变化、渗漏，绝缘的破损、裂纹等。

2.耳听　带电运行的设备，不论是静止的还是旋转的，有很多都能发出表明其运行状况的声音。如变压器正常运行的“嗡嗡”声，这是交变磁场反复作用振动的结果。因此，巡查人员根据自身的经验和知识，通过声音的高低、节奏、声色的变化、杂音的强弱就可以判断设备的运行状况。

3.鼻嗅　对某些气味的嗅觉是因人而异的，但是，因设备异常而发出的特殊气味巡查人员一般都能辨别出来。同时，应根据相应的状况，作出具体的处置。

4.用手触试　用手触试设备来判断故障是一种必不可少的方法。但应注意：必须分清可触试的界限和部位；必须确定设备接地良好；注意巡查人员与设备设施的安全距离；明确禁止用手触试的部位。

5.使用仪器检查　巡检时使用的监测仪器，主要有测温仪、测振仪及一些常用的测量仪表仪器。

四、问题引导

1.每天一次的设备巡检工作和定期巡检巡查的项目有何不同呢？

2.设备巡检需要准备哪些工具或者表格呢？

3.操作人员每天对设备的日常检查和设备员每天对设备的巡检内容有什么不同？

五、任务实施

1.准备好常用的工具 仪表有手电筒、扳手、螺丝刀、万用表、钳形电流表等，穿戴好工作服、工作鞋，戴好安全帽。

2.设备日常巡检

（1）沿着指定的日常巡检路线进行巡查，通过人为观察操作人员是否遵守操作规程。

（2）通过眼看、耳听、鼻嗅等常规巡检方法检查设备运行情况是否正常，是否超负荷，运行时是否存在异响，设备零部件和安全防护装置是否齐全有效，设备润滑是否按要求进行，设备有无跑、冒、滴、漏现象。针对不同的设备制定日常巡检项目表，格式如下。

设备名称	日常巡检项目	巡检周期及分工	设备状态	检查方法
胶囊充填机	操作人员是否遵守操作规程 设备运行情况是否正常，是否超负荷 设备零部件和安全防护装置是否齐全有效 设备润滑是否按要求进行 设备有无跑、冒、滴、漏现象	每天/2小时	运行/停止	目视、手感、听声、仪器、其他

（3）填写《设备巡回检查记录表》。

设备巡回检查记录

序号	巡检日期	设备名称	编号	巡检内容及结果							
				运行	规程	安全	润滑	卫生	管道	其他	巡检人

3.设备定期巡检（点检）

（1）制定定期巡检计划。

（2）按照计划对相应设备进行定期巡检。

（3）巡检时根据巡检明细表进行一一检查，检查完填写记录表格。

定期点检为设备管理人员及设备维护人员按时对设备各部件、整体、配套设施、电气元件等进行维护巡检工作。

具体点检内容（以胶囊充填设备为例）如下。

序号	点检内容	检查方法	点检周期
1	定期对传动电机皮带进行磨损检查	停机手工检测	3个月
2	定期对机器传动链条、轴承等部件进行润滑情况检查	停机检查	1个月
3	主传动减速器每月要检查加油一次	试机+停机检查	1个月
4	定期对药粉感应器灵敏度进行检查	试机检查	1个月
5	定期对输送电机进行轴承润滑检查	停机+试机	6个月
6	定期对电气元件进行灵敏度检查	停机+试机	6个月
7	定期对电源开关进行通断性试验检查	试机	3个月

（4）填写设备点检记录表。

设备日常点检记录表

设备名称		全自动胶囊填充机	规格型号		设备编号		安装位置	
每日点检	1	查阅运行（交接班）记录，以确定上一班有无异常						
	2	检查机器各部件的牢固情况，如有松动，请及时紧固						
	3	用手转动主动机轴轮，使机器运转1～3个循环后将电源总开关打开						
	4	检查真空管路、吸尘器管路是否与主机接通						
	5	需充填的物料要进行检查，不得有金属等异物混入，以免发生意外						
	6	检查各润滑系统是否有油或脂，如不够则应加足量						
	7	检查所有安全设置是否都正确地配备和调节好						
	8	检查传动系统运转是否正常						

续表

月份	日	检查人	异常情况记录	月份	日	检查人	异常情况记录	月份	日	检查人	异常情况记录
1月	1			1月	11			1月	21		
	2				12				22		
	3				13				23		
	4				14				24		
	5				15				25		
	6				16				26		
	7				17				27		
	8				18				28		
	9				19				29		
	10				20				30		
备注	检查方法：看、听、试 检查周期：每日检查。				重大安全隐患记录						

六、评价与反馈

序号	评价内容	评价标准	分值	自评得分	教师评分
1	知识准备	(1)熟悉公司关于设备巡检的相关规定，熟读公司《设备巡回检查管理规程》 (2)理解巡检的意义、巡检的分类以及巡检的方法 (3)掌握巡检的方法 (4)会使用巡检时所用到的仪器	20		
2	接收任务	查看巡检路线，明确巡检任务，会制定巡检计划	20		
3	任务实施	巡检准备：准备好巡检工具、穿戴好工作服、工作鞋以及工作帽、手套等	10		
4		(1)设备巡检：能够正确对设备进行巡检，不漏项，填写设备巡检记录表 (2)设备点检：能够根据点检计划实施点检，填写点检记录表	40		
5	资料归档	所有的巡检记录需要当事人签字，并且存档	10		
合计					

实训任务 2-2　胶囊充填机定期保养

一、学习目标

1.掌握胶囊充填机保养分类及操作要点。
2.能够对胶囊充填机制定定期保养计划。
3.能够对胶囊充填机进行定期保养，并填写保养记录。
4.具备规程意识，严格遵守规章制度，严格按照规程要求进行操作。

二、任务描述

在设备科，作为一名设备管理员（设备维修员），其中一项常规工作便是设备的维修保养，现拟对胶囊充填机进行定期保养。

三、获取资讯

（一）公司维护保养规程

设备维护保养与维修管理规程

<table>
<tr><td>文件编码</td><td colspan="4">SMP-05-005-01</td></tr>
<tr><td colspan="5">文件形成及控制：</td></tr>
<tr><td></td><td>部门</td><td>姓名</td><td>签名</td><td>日期</td></tr>
<tr><td>起草人</td><td>设备管理部</td><td></td><td></td><td>年　月　日</td></tr>
<tr><td rowspan="2">审核人</td><td>设备管理部</td><td></td><td></td><td>年　月　日</td></tr>
<tr><td>质量管理部</td><td></td><td></td><td>年　月　日</td></tr>
<tr><td>批准人</td><td>质量负责人</td><td></td><td></td><td>年　月　日</td></tr>
<tr><td>执行日期</td><td colspan="4">年　月　日</td></tr>
<tr><td rowspan="2">颁发部门</td><td>GMP文件办</td><td colspan="3">年　月　日</td></tr>
<tr><td>存档（书面、电子文档）各2份</td><td>颁发份数</td><td colspan="2">各部门1份，共3份</td></tr>
<tr><td>分发部门</td><td colspan="4">物控管理部[　]　企业管理部[　]　生产管理部[√]
质量管理部[√]　设备维修组[√]　财务管理部[　]
营销管理部[　]　工程管理部[　]　基地管理部[　]</td></tr>
</table>

1.目的　建立一个规范化的设备维护保养与维修体系，以确保设备安全、稳定、高效运行，满足生产需要。

2.范围　公司内与生产相关的设备、设施的维护保养与维修。

3.职责

(1)设备管理部负责本规程的起草、修订。

(2)各设备设施使用部门、设备管理部按照本规程要求开展相关工作。

4.内容

(1)维护保养与维修的原则及要求

1)维护保养与维修工作必须遵守操作人员与维修人员相结合、突出预防维修的原则。

2)要求　①操作人员应做到“三懂四会”，会按照维护保养标准操作规程的要求进行日常保养，能检查和处理日常故障，配合维修部门开展维修工作。②维修及设备管理人员合理编制保养、点检、维修计划，严格实施，定期总结，不断提高预防维修率。③被评为关键设备的，必须编制维修计划表，并严格执行；其余设备按工程规范及实际使用情况可部分编制。

(2)维护保养与维修的分类　分为日常保养、点检、计划维修(预防性维修)和应急维修。

(3)日常保养

1)日常保养是预防性工作，也是设备正常运行的基础工作，对于提前发现故障、延长设备使用寿命、降低维修率、提高使用率等具有重要意义。该项工作是操作人员在每次使用设备前后，按照维护保养标准操作规程的要求独立开展的，并及时做好保养记录。

2)日常保养的主要内容应包括：①电气元件、机械零件、配套设施等的连接稳固性、可靠性检查；各部件间配合的调整。②易损件、部分零部件的更换。③润滑方法、频次、润滑剂类型等。④仪器仪表有效性检查、有效期核对。⑤安全装置试验操作、有效性检查。⑥设备清洁方法、要求。⑦各项检查、操作的方法、要求、时间、周期等。

(4)点检

1)点检是预防性工作，包括日常保养的内容，点检结果是计划维修的重要依据。该项工作是维修人员对设备进行专业、科学、细致、全面的检查、调整、更换、修理等。

2)维修人员在点检中，应检查、监督操作人员的日常保养情况，并就设备的使用情况与操作人员进行沟通、交流，维修人员点检后应及时做好点检记录。

3)对关键部件进行调整、更换、修理等情况应按照偏差及风险管理，并将情况如实记录到设备维修记录中。

4)点检的主要内容应包括：①日常保养的内容。②为保障设备正常运行而进行的必要检查、调整、更换、维修。③对操作方法、要求、时间、周期等。

(5)计划维修(预防性维修)

1)计划维修是根据点检结果、风险评估、说明书、配件材质、历史记录、工程规范等综合评估后针对各型设备制定维修计划后进行的有计划、有目的的调整、更换、维修工作。计划维修是设备稳定运行的重要保障。该项工作由维修人员根据维修计划表，对设备进行专业、科学、细致、严谨地调整、更换、修理等。

2)操作人员在计划维修中应监督、配合、确认维修人员的维修工作，操作人员应合理、严谨、科学地使用、保养设备。

3）维修人员负责制定设备维修计划，并在实施维修前，制订“维修准备书”，书中应包括维修设备名称、型号、编号、主要内容、更换配件清单、使用工具清单、技术资料、安全标志牌、润滑剂、参与人员、能源要求、环境要求、对生产影响的风险评估等。

4）“维修计划表”编制的要求及主要内容应包括：①被评为关键设备的，每台设备均应编制“年度维修计划表”“月度维修计划表”；其他设备可根据工程规范编制月度或年度维修计划表或按系统、同类原则编制相应计划表。②“年度维修计划表”是针对未来一年，周期相对较固定、间隔期较长、预见性较明确的维修或更换而编制，计划维修时间点的选择应尽量定在对生产影响小的时间段。③“月度维修计划表”是针对前一月点检发现的情况或即将到期的年度计划维修而编制，月度维修计划表每月制定。计划维修时间点的选择应与使用部门协商一致。

5）按照风险管理的要求，对“关键设备的部件关键性评估表”中列为关键的部件维修后应按该表要求展开部件的相关确认工作。

6）计划维修完成后，维修人员填写“维修记录表”，操作人员复核。

（6）应急维修

1）应急维修指仪器仪表、零部件等已经失效或损坏而及时进行的调整、更换、维修工作。

2）当设备出现失效、损坏等故障后，操作人员应立即控制现场，以免造成更大损失，并及时通报维修责任人员，维修人员与操作人员充分交流，快速、准确判断故障原因，按照相关程序及时维修处理。

3）按照风险管理的要求，对可能造成产品质量风险的故障按偏差管理要求进行偏差分析，对“关键设备的部件关键性评估表”中列为关键的部件维修后应参照该表展开相关验证确认工作。

4）事后维修完成后，维修人员填写“维修记录表”，操作人员复核。

（7）维护保养与维修总结及分析报告

1）维护保养与维修总结分为月度总结及分析报告和年度总结及分析报告。总结及分析报告是制定维修计划的重要依据。

2）总结及分析报告由维修人员完成。

（8）维护保养与维修的分级

1）由于本公司设备的特殊性及具体情况，设备管理人员应将通用方法融汇到本管理规程的日常保养、点检及计划维修。

2）大修指当设备使用一定时间后，经验证，设备的整体性能降低到接近设计性能或产品要求性能时，经评估，无法通过调整、局部更换、局部维修等方式全面提高其性能或阻止其性能降低，而采取大范围的调整、更换、维修等综合的修理方法。

3）大修属计划维修，大修后应进行安装、运行、性能验证。

（9）设备报废

1）报废指由于各种原因，设备不再适用于生产需要而按相应管理规程退出使用状态的过程。

2）报废过程不仅需按照财务规程进行处理外，还应按照变更控制规程进行处理，并在报废前进行性能确认。

（10）维护保养与维修的验收、验证　维护保养与维修后，涉及更换、维修和关键部件调整的，应在“设备维修记录”中记录，对关键部件的处理后，维修责任人与操作人员应按照该设备的验证方案相关条款进行验证、验收，并在“设备维修记录”中记录。

（11）记录名称及编码

《________年度设备维修计划表》　（OR-05-028-00）

《________年度____月设备维修计划表》　（OR-05-029-00）

《________年度____月计划维修总结表》　（OR-05-031-00）

《________年度维修总结表》　（OR-05-032-00）

《设备维护保养记录》　（OR-05-033-01）

（二）NJP-2000胶囊填充机维护保养要求

1.机器每运行50个工时，需对下列部件进行维护保养。

（1）深入了解各部件的润滑要求，正确使用润滑油，防止污染药物。

（2）凸轮与滚轮的工作面要涂润滑脂（2号锂基润滑脂）。

（3）传动部件各连杆的关节轴承要注润滑油（90号以上机油）。

（4）检查传动链条是否过松，如有过松现象，应调整张紧链轮，链条涂润滑脂（2号锂基润滑脂）。

（5）拧松盖板螺钉，取下旋转盘的盖板，在T型轴与导杆的活动点铜套、轴承处注油一次（90号以上机油）。检查主传动减速机的离合器是否过松，如有过松现象，应适量拧紧离合器螺帽。

2.机器每运行200个工时，需对下列部件进行维护。

（1）拆下送囊机匣封板，对机匣内导杆、水平叉移动轴承涂润滑脂，关节轴承注润滑油。

（2）检查分度箱润滑油是否在油位线上，不够时要加注润滑油。

（3）检查上下模块同轴度。检查计量装置的充填杆、夹持器，更换失效的夹持器弹簧。

（4）真空系统的过滤器清理一次。传动机构每运转500小时要处理清理机内油污，检查磨损情况，确认无异常情况后加润滑剂方可继续运转。

3.机器每运行1000个工时，须对下列部件进行维修。

（1）将旋转部件进行一次全面清洗　先拆下旋转台盖板，再拆卸T型轴，拆卸旋转台密封圈，彻底清洗旋转槽凸轮及轴承，重新注润滑油（脂），然后重新安装，并校正上、下模块的同轴度，充填杆与剂量盘的同轴度及充填杆与下模块的同轴度。检查T型轴O型密封圈是否磨损，如发现磨损现象，应立即更换。更换主传动减速机及供料减速器润滑脂。检查剔废机构，锁合机构，成品出料机构，更换磨损的轴承及零件。

（2）凸轮分度箱的维护　机器运行1000个工时或四个月，将凸轮箱内的润滑油放掉，重新加入新的润滑油至油位线。

4.机器工作3000小时，或运行时间不足3000小时，每年也要更换一次润滑油。

润滑用油表

名称	牌号	润滑部位
机械油	N4B GB443-83	分度箱、滚动轴承、导向件
2号锂基润滑脂	ZL2 SY1412-75	凸轮、滚动轴、链条
0号锂基润滑脂	ZLD SY1412-75	减速器

四、问题引导

1.对于胶囊充填机的保养应该如何实施？

____

____

____

2.胶囊充填机的保养计划如何设计？

____

____

____

五、任务实施

1.制定公司制药设备的维护保养、点检、预防性维修计划。

设备____年度维护保养计划

设备名称	规格型号	定置岗位	检修周期	技术标准	检修月份	执行部门	备注

编号：

2.根据维护保养计划对NJP-2000型全自动硬胶囊充填机实施常规保养和定期保养。

序号	维护保养项目	保养周期
1	确认整机完好，各零部件无缺损	每天
2	检查紧固件，无松动脱落	每天
3	各连杆的关节轴承每周要滴润滑油，进行润滑保养处理	每天
4	检查安全防护装置，应可靠、灵敏	每天
5	检查电气线路，无松动、脱落，无焦糊气味	每周
6	调整各运动机构间隙	每周
7	检查、清洁物位传感器	每周
8	检查、清洁旋涡气泵的过滤器和消音器	每周
9	每周应取下回转盘的盖板对T型轴与导杆的活动点铜套、轴承处加油一次，并定期对T型轴、密封圈作全面清洗、更换、加注润滑油	每周
10	定期检查电气控制系统，更换有隐患电器元件，清除药尘	每周
11	凸轮与滚轮的工作面要涂润滑脂	50个工时
12	传动部件各连杆的关节轴承要注润滑油	50个工时
13	检查传动链条是否过松，如有过松现象，应调整张紧链轮，链条涂润滑脂	50个工时
14	拧松盖板螺钉，取下旋转盘的盖板，在T型轴与导杆的活动点铜套、轴承处注油一次	50个工时
15	检查主传动减速机的离合器是否过松，如有过松现象，应适量拧紧离合器螺帽	50个工时
16	拆下送囊机匣封板，对机匣内导杆、水平叉移动轴承涂润滑脂，关节轴承注润滑油	200个工时
17	检查分度箱润滑油是否在油位线上，不够时要加注润滑油	200个工时
18	检查上下模块同轴度	200个工时
19	检查、校正下模与粉冲杆同轴度	200个工时
20	检查计量装置的充填杆、夹持器，更换失效的夹持器弹簧	200个工时
21	真空系统的过滤器清理一次	200个工时
22	传动机构每运转500小时要处理清理机内油污，检查磨损情况，确认无异常情况后加润滑剂方可继续运转	200个工时
23	旋转部件进行一次全面清洗	1000个工时
24	检查T型轴O型密封圈是否磨损，如发现磨损现象，应立即更换	1000个工时
25	更换主传动减速机及供料减速器润滑脂	1000个工时
26	检查剔废机构、锁合机构、成品出料机构，更换磨损的轴承及零件	1000个工时
27	机器运行1000个工时或4个月，将凸轮箱内的润滑油放掉，重新加入新的润滑油至油位线	1000个工时
28	每年也要更换一次润滑油	每年

3.根据预防性维修计划对NJP-2000型全自动硬胶囊充填机进行计划维修。

（1）根据预防性维修计划给NJP-2000型全自动硬胶囊充填机制定维修准备书，样式如下。

设备维修准备书

1.目的　根据点检结果、风险评估、说明书、配件材质、历史记录、工程规范等综合评估后针对各型设备制定维修计划后进行的有计划、有目的的调整、更换、维修工作。计划维修是设备稳定运行的重要保障。为保证设备安全、稳定、高效运行，满足生产需要。

2.维修设备信息

序号	设备名称	设备编号	维修内容	备注

3.更换配件清单

序号	配件名称	型号	数量	生产厂家	备注

4.工具和技术资料

序号	工具或资料名称	数量	保存位置	责任人	备注

5.人员组成

6.能源和环境要求

7.对生产的风险评估

（2）根据维修准备书准备好维修工具和技术资料对维修内容进行维修，对需更换的零部件进行更换。

4.填写保养记录表。

设备维护保养记录（维修日志）

年		设备名称	故障情况	故障	维修、保养确认	
月	日	（填简称及编号）	概述	处理	维修人员	使用人员

备注：此表为设备设施的维修履历表；设备使用人员发现故障情况后应记录、并联系维修处理和确认处理结果；设备维修责任人在应急维修、定期保养需做维修处理时和计划维修后应填写记录情况且经操作人员确认。

六、评价与反馈

序号	评价内容	评价标准	分值	自评得分	教师评分
1	知识准备	（1）熟悉公司关于设备巡检的相关规定，熟读公司《设备维护保养与维修管理规程》 （2）理解保养的意义、保养的分类以及保养的要求 （3）熟悉NJP-2000胶囊填充机维护保养要求要点	20		
2	接收任务	根据预防性维修计划对NJP-2000型全自动硬胶囊充填机进行计划维修，根据维修计划对维修进行维修准备，包括工具、人员的配备、时间的安排以及风险评估，填写《设备维修准备书》	20		
3	任务实施	读懂《设备年度维护保养计划》并能够制定设备保养计划	10		
4		（1）根据NJP-2000型全自动硬胶囊充填机保养项目进行逐项检查和保养 （2）填写设备保养记录表	40		
5	资料归档	所有的保养维修记录需要当事人签字，并且存档	10		
合计					

实训任务 2–3　沸腾干燥机定期保养

一、学习目标

1.掌握沸腾干燥机的保养要求、保养要点、保养规程。
2.能够对沸腾干燥机制定定期保养计划。
3.能够对沸腾干燥机进行定期保养，并填写保养记录。
4.具备独立开展设备定期保养的能力和严谨科学的工作态度。

二、任务描述

在设备科，作为一名设备管理员（设备维修员），其中一项常规工作便是设备的维修保养，现拟对沸腾干燥机进行定期保养。

三、获取资讯

（一）工作原理

沸腾干燥机是集混合、制粒、干燥在同一密闭容器内一次完成的设备（即一步制粒机）。

粉状物料投入料斗密闭容器内，由于热气流的作用，使粉末悬浮呈流化状循环流动，均匀混合，同时喷入雾状黏结剂润湿容器内的粉末，使粉末凝成疏松的小颗粒，成粒的同时，由于热气流对其作高效干燥，水分不断蒸发，粉末不断凝固，因过程重复进行，形成理想的、均匀的多微孔球状颗粒，在容器中一次完成混合、造粒、干燥三道工序。以固体制剂水分含量和崩解时间为考察指标，对结果进行检验。

（二）特点

通过粉体造粒，改善流动性，减少粉尘飞扬；通过粉体造粒改善其溶解性能。混合—制粒—干燥在一机内完成。采用抗静电滤布，设备操作安全。设置压力泄放孔，一旦发生爆炸，人员不受伤害。设备无死角，装卸料轻便快速、冲洗方便，符合GMP规范。自动化程度高，配备有程序控制、模拟屏显示等供用户选择。

（三）FL沸腾干燥机用途

医药品的制粒及包衣；食品工业制粒；粉末冶金、陶瓷工业制粒；农药、饲料、肥料制粒和包衣；催化剂的制粒包衣；颜料、色料、染料的制粒；其他一般化学品的制粒。

（四）技术参数

项目		单位	机型								
			3	5	15	30	60	120	200	300	500
原料容器	容量	L	12	22	45	100	220	420	670	1000	1500
	直径	mm	300	400	550	700	1000	1200	1400	1600	1800
生产能力	最小	kg	1.5	4	10	15	30	80	100	150	250
	最大	kg	4.5	6	18	36	72	140	240	360	600
风机	风量	m^3/h	1000	1200	1400	1800	3000	4500	6000	7000	8000
	风压	mmH_2O	375	375	480	480	950	950	950	950	950
	功率	kW	3	4	5.5	7.5	11	18.5	22	30	37
蒸汽耗量		kg/h	15	23	42	70	141	211	282	366	451
压缩空气耗量		m^3/min	0.6	0.6	0.6	0.9	0.9	0.9	1.1	1.5	1.5
主机重量		kg	250	300	700	900	1100	1300	1500	1800	2000
蒸汽压力		MPa	0.3~0.6								
温度作业		℃	常温120℃范围内可调节								
时间		min	视物料特性而定								
物料收率		%	≥98								
主机噪声		dB（A）	风机与主机隔离安装，噪声≤75								

（五）FL-300沸腾干燥机维护保养要求

为使该机时常处于良好运行状态，确保能够正常进行生产，公司制定了FL-300沸腾干燥机维护保养标准操作规程，规程规定如下。

1.维护保养 定期进行风机内部的清灰、污垢等处理，防止风机锈蚀，在拆装后应涂注润滑油脂进行润滑保养。

进气源的油雾器要经常检查，在用完前必须加油，加油量为油雾器容积的2/3（润滑油为5#、7#机械油，分水滤气器有水时应及时排除）。

喷雾室的支撑轴承转动应灵活，转动处定期加润滑油。

设备闲置未使用时，应每隔十五天起动一次，启动时间不少于2小时，防止电磁阀、气缸等因时间过长润滑油干枯，造成电磁阀或气缸损坏。

2.清洗 拉出原料容器，打开喷雾室，放下滤袋架，取下捕集袋，重新锁紧滤袋架，关闭风门，用有一定压力的自来水冲洗残留在主机各部分的物料，特别对原料容器内气流分布板上的缝隙要彻底清洗干净。冲洗不起的可用毛刷或布擦拭，洗净后，开启机座下端的放水阀，放出清洗液。对过滤袋应及时清洗干净，烘干备用。捕集袋可使用温水，采用工业洗衣机清洗或者人工清洗。最后用纯化水将设备和捕集袋再清洗干净。捕集袋清洗干净后晾干备用。

四、问题引导

1.沸腾干燥机保养工作应准备哪些工具?

____

____

2.沸腾干燥机保养工作是否需要停机进行?

____

____

五、任务实施

1.根据沸腾干燥机保养要求进行保养，保养项目及周期如下。

序号	维修保养项目	保养周期
1	检查空气压缩机是否加入足量的润滑油，贮气罐内是否有冷却水，并排尽	每次开机前
2	检查油雾器内是否有油，并加注足量（食用植物油）	每次开机前
3	检查螺杆泵进料管内是否加液料	每次开机前
4	接通电源后检查电流表，电压表指示是否良好	每次开机后
5	检查压缩空气过滤器，将过滤器拆开用软刷洗刷全部零件，每次运转前除尽下部积水	每6个月
6	每15天应加注食用植物油至油雾器，以便电磁阀能及时得到润滑	每15天
7	每班工作完毕，清除空压机罐内冷凝水	每班
8	检查泵，严禁反转、空转，工作时应在进料管内装满液料	每天
9	每周应用纯化水彻底清洗喷枪零件，以免堵塞	每周
10	随时检查布袋的透气性能，一旦堵塞，应予清洗。停机和更换品种时，也应予及时清洗	时常
11	检查孔板，孔板如发生堵塞，粉料流化时就会产生沟流现象，造成流化不良，应及时加以清洗	时常
12	清洗或更换进风过滤器	2～3个月
13	黏结剂料桶下部的过滤网每班工作完毕，应予以清洗，以免堵塞	每班
14	处理风机内部的灰尘、污垢等，防止风机锈蚀，在拆装后应涂注润滑油脂进行润滑保养	每周
15	每班结束后对各类电器及气、电管路进行灰尘处理	每班

2.保养完成后填写保养记录表（表格样式同任务2-2）。

六、评价与反馈

序号	评价内容	评价标准	分值	自评得分	教师评分
1	知识准备	熟悉沸腾干燥机维护保养要求要点	20		
2	接收任务	根据预防性维修计划对沸腾干燥机进行计划维修，根据维修计划对维修进行维修准备，包括工具、人员的配备、时间的安排以及风险评估，填写《设备维修准备书》	20		
3	任务实施	读懂《设备年度维护保养计划》并能够制定设备保养计划	10		
4		（1）根据沸腾干燥机维护保养要求项目进行逐项检查和保养 （2）填写设备保养记录表	40		
5	资料归档	所有的保养维修记录需要当事人签字，并且存档	10		
合计					

项目三　制药相关设备操作与管理

实训任务3-1　空调净化系统的操作

一、学习目标

1.熟悉空调净化系统的权限管理、消毒频次。

2.能操作运行组合式空调机组及空调净化系统消毒。

3.具备GMP意识和科学严谨的工作态度。

二、任务描述

车间进行100万粒胶囊制剂生产，操作运行组合式空调机组，保证生产过程中洁净车间洁净度等级达到D级，温度在18～26℃，湿度在45%~65%。运行至生产结束后，对空气净化系统进行臭氧消毒。

三、获取资讯

1.空调净化设备由组合式空调机组和空气净化系统两部分组成，组合式空调机组由满液式螺杆冷水机组、加热器、空调风机等组成，用于控制空气的温度和湿度；空气净化系统通过初、中、高效空气过滤器控制空气中的尘埃粒子数和微生物数。

2.空调系统属于公司非常重要的空气净化处理设施，每台设施设备控制系统均应安装在能够进行有效管控的房间或区域，均由专职或兼职人员进行日常的启停及参数调节控制。

3.空调净化系统权限在正常条件下设三级管理权限。

（1）第一级管理权限　全权负责公司各区域内空调净化系统的日常管理、变更、安装、确认等相应事宜，同时也可对各空调机组进行日常操作；在公司内属于空调管理最高级别，具有对第二级人员及第三级人员授权之能；作为一级管理权限人员仅能为公司生产系统或质量系统主管及以上人员担任。

（2）第二级管理权限　负责公司各区域空调净化系统的日常维护、保养、调试等工作，同时可兼具车间或部门的空调净化系统操作人员；由设备管理部主管担任。

（3）第三级管理权限　各空调净化系统日常操作人员，仅负责空调净化系统的启停控制；该级别可由一、二级别人员培训合格后上岗操作。第三级权限人员仅对各系统具有操作职责。

4.空调净化系统授权管理

（1）授权形式　为便于工作开展，日常授权可以分为两种，其一为口头告知授权，其二为书面明确授权，为便于工作开展，对于非关键项可以进行口头授权，关键项则必须进行书面授权。

（2）授权范围　空调净化系统授权仅局限于二、三级管理权限，权限外人员不得对其进行授权。

（3）权限保护　以上一、二、三级权限人员均应牢记各级权限管理密码及账户，不得擅自篡改账户密码及账户名（针对可以进行权限分级的空调机组）；针对不能进行权限分级的空调机组则应进行日常工作监督管理。

5.空调系统参数修订管理　各空调净化系统参数均是可以进行调整与修订的，根据不同环境、不同要求进行正常范围的修订是可行的。

参数修订仅一级权限管理人员可以进行，一级权限管理人员对二级权限管理人员进行授权后，二级管理权限人员可以进行修订，三级权限管理人员不得对任何参数进行修订，包括记录文件同样不允许进行修订。二级权限人员进行参数修订时应在一级权限管理人员监督下进行，且一级权限人员应对二级权限人员所修订的参数进行审核。

参数修订前均应对原始参数进行记录，以便修订过程出现问题时可追溯，同时对修订后的参数进行记录。

6.空气净化系统的消毒管理　在正常生产周期内，空气净化系统操作人员应每周对空气净化系统及洁净区域进行臭氧消毒杀菌1次。

非正常生产周期内（停产）的空气净化系统消毒，停产时间在72小时以内，空气净化系统应在停产前进行臭氧消毒，并持续保持消毒静置模式，恢复生产前对空气净化系统进行自净处理；停产时间在72小时以上，空气净化系统应停止运行，并于恢复生产前对空气净化系统进行消毒处理，并由QA/QC人员对洁净区域内的相应指标进行检测，检测合格后方可恢复生产。

当空气净化系统进行改造或新增后应按照验证管理规程对空气净化系统进行重新验证，验证员应对空气净化系统进行消毒确认。

四、问题引导

1.什么时间启动空调净化系统更合适？

____

____

2.什么情况下对空气净化系统进行消毒？

____

____

五、任务实施

1.开机前准备工作

（1）每班开机前须检查机组周围是否有异状物存在，影响机组风量的吸取。

（2）每班使用前须对机组电源连接情况进行检查确认。

（3）检查冷冻、冷却水阀门是否已开启，冷冻水泵经试压、排污、放空、试运行后是否处于无故障备用状态。

（4）检查冷水机水箱是否注满水。

2.开机运行

（1）打开冷冻水水箱的进口阀与出口阀，关闭管道循环阀。

（2）开启电源，确认无误后依次开启冷冻水泵、冷凝风机、压缩机。

（3）根据生产需要在温度控制器上进行温度调节设定。

（4）待温度达到设定温度后，打开管道循环阀，关闭冷冻水水箱的进口阀。

（5）巡查运行中的空气净化系统，检查设备运行情况、控制运行参数并记录。

3.操作结束停机

（1）使用完毕后，依次关闭压缩机、冷凝风机、冷冻水泵。

（2）关闭冷冻水箱的进口阀和出口阀。

（3）开启空压机，将管道的冷冻水压回冷冻水水箱，关闭管道循环阀。

（4）关闭总电源。

4.臭氧消毒

（1）关闭空气净化系统的排风阀和新风阀，确保回风阀开启。

（2）打开臭氧发生器和空调风机，进入“消毒循环模式”（F3），空气净化系统进入消毒循环状态。

（3）臭氧消毒循环时间不低于120分钟，现场操作人员应在消毒循环过程中记录空气净化系统相应的温度、湿度。

（4）完成消毒后关闭臭氧发生器、空调风机和回风阀，空气净化进入“消毒静置模式”（F4），消毒静置时间不低于8小时。

（5）完成消毒静置后，打开排风阀、新风阀、回风阀，启动组合式空调机组，对空调净化系统进行使用前期吹扫，将洁净区域内臭氧异味排净同时完成洁净区域的自净，吹扫时间不低于30分钟，并按照相应要求进行洁净区域内温湿度计压差控制。

（6）吹扫结束视情况投入生产继续运行或关闭空调净化系统。

六、评价与反馈

序号	评价内容	评价标准	分值	自评得分	教师评分
1	认识空调净化系统	(1)能说出空调净化系统的组成 (2)能说出空调净化系统各级管理的权限 (3)能说出空气净化系统消毒的频次	20		
2	操作运行组合式空调机组	(1)能正确操作运行组合式空调机组 (2)会正确记录组合式空调机组运行参数	40		
3	空调净化系统臭氧消毒	(1)能判断空调净化系统何时需要消毒 (2)能对空调净化系统进行臭氧消毒	40		
合计					

实训任务 3-2　空调净化系统的维护保养

一、学习目标

1.掌握空调净化系统的维保频次、空气过滤器的更换条件。

2.能维护保养空调净化系统。

3.具备GMP意识和科学严谨的工作态度。

二、任务描述

制剂车间停产检修，对空调净化系统的控制电路、电动机、风机皮带、加热器、消声板、风管和过滤器等部件进行维护保养。

三、获取资讯

1.空气过滤器的种类　空气过滤器一般分为初效过滤器、中效过滤器和高效过滤器三种。

(1)初效过滤器　滤料一般为无纺布、金属丝网、玻璃丝、尼龙网等，可以去除≥5.0 μm的尘埃粒子，在空调净化系统中作为预过滤器，主要作用是保护中、高效过滤器，延长它们的使用寿命。

(2)中效过滤器　滤料主要有玻璃纤维、中细孔聚乙烯泡沫塑料和由涤纶、丙纶、腈纶等制成的合成纤维毡等，可以去除≥1.0 μm的尘埃粒子，在空调净化系统中作为中间过滤器，主要作用是保护高效过滤器，延长其使用寿命。

（3）高效过滤器　可细分为亚高效、高效和超高效过滤器，滤料均为超细玻璃纤维滤纸。亚高效过滤器可以去除≥0.5 μm的尘埃粒子，在空调净化系统中作为中间过滤器，在低级净化系统中可作终端过滤器使用。高效过滤器可以去除≥0.3 μm的尘埃粒子，在空调净化系统中作为终端过滤器。超高效过滤器可以去除≥0.1 μm的尘埃粒子，在空调净化系统中作为终端过滤器。

2.新建和变更的空气净化系统设备设施安装中的清洁与监控

（1）风管吊装前，先将内壁擦洗干净，并两端封头以保持风管内壁清洁，安装后须经漏光（漏风）检查符合要求。

（2）空气净化器拼装结束后须经漏光（漏风）检查符合要求，并须采用不易脱落纤维的抹布反复清洁擦拭净化空气净化系统的内表面。

（3）洁净隔断、送回风设施、高效过滤器的送风口静压箱（安装前应清洗干净）、地面等洁净厂房及空气净化系统构成设施的安装过程中及安装基本结束后，应对洁净室及技术夹层进行全面清洁，达到无积尘清洁要求后，可开启空气净化器连续运转吹扫12小时以上并经再次清洁、反复至无浮尘积尘后安装空气净化器初中效过滤器，并经再次吹扫清洁后方可安装高效过滤器（内包装在现场拆封、并检查与清洁后安装）。

四、问题引导

1.什么时间启动空调净化系统更合适？

____

____

2.什么情况下对空气净化系统进行消毒？

____

____

3.空气过滤器在什么情况下需清洗或更换？

____

____

五、任务实施

1.组合式空调机组维护保养

（1）定期（3～6个月）检查电气控制线路是否正常，水、气管道畅通；该检查是在切断电源、切断气源、关闭水源后进行停机维护检查。

（2）应经常检查空调风机运行状况是否良好，每半月检查一次皮带的松紧程度和轴承状态，风机轴承一般在使用500小时后进行加注润滑油，每季度定期从风机轴壳加油嘴加入适量的油脂，每季度检查轴承温升不应超过40℃。

（3）冬季加热器不用或停机时，特别是在室温接近结冰温度时，应排尽加热器内的积水，将所有残水都吹出，如果残水不能吹尽，应在管内加防冻液，防止加热铜管冻裂。

（4）每年应定期清扫或吹洗加热器表面灰尘，加热器工作2～3年后，应用化学方法进行清洗，除去内部水垢，每年应进行一次水压测试，应保证无渗漏。

（5）定期检查空调电气设备和转动的润滑部分。

（6）微穿孔板消声器的孔板每季度应用压缩空气吹一次表面灰尘，以防止孔洞堵塞，影响送风消声效果。

（7）严禁在关闭送风、回风及新风阀门的状态下启动空调的风机，当风机停止或偶遇停电时，应立即停止热媒供应。

（8）应经常检查空调器内表面、加湿段等易锈部分，发现有生锈情况，要在设备大修时除锈，然后涂油漆。

（9）电动机的润滑部位每一年应加注润滑油一次或对电机进行保养。

2.风管维护保养

（1）经常检查风管及保温材料，发现破损时及时修补及更换。

（2）人造革软接头应妥加保护，由于磨损或腐蚀等引起漏风时应及时修补或更换，发现风管变形要及时更换。

（3）应经常检查阀门组件，有损坏及时更换。

（4）风管法兰漏风，添加或更换风管法兰橡胶密封材料后重新紧固至无漏风为止。

3.初、中效过滤器维护保养

（1）初、中效过滤器更换周期　初装或新装的空气（初、中、高）过滤器应测试并记录（或标识）过滤器前后压差，经验证确认清洗或更换的前后压差值，一般为初始压差值的2倍时须清洗或更换，压差低于初阻力时若中效过滤器有破损，则需进行更换。

（2）初、中效过滤器更换程序　切断机组电源，并悬挂“禁止合闸”警示牌；待风机停止运行后，将初效过滤器拆卸下来；从过滤器存放柜中取出相应的备用过滤器进行安装。

（3）初、中效过滤器报废　检查过滤器是否有穿透性的孔隙，若有则该过滤器报废；初效过滤器清洗次数达到8～10次，中效过滤器清洗次数达到5～8次后须报废。

（4）初、中效过滤器清洗　采用饮用水加入肥皂液进行清洗，加入肥皂液量根据过滤器的多少而定；清洗完成后采用烘房进行烘干，温度控制在80～100℃，并做好过滤器的清洗记录。

4.高效过滤器维护保养

（1）高效过滤器更换周期　可跟初、中效过滤器一样通过压差判断，还可依据车间净化参数测试（包含百级层流风速测定、尘埃粒子测定等）是否满足相应洁净级别要求判断，当任意条件不满足时均须更换高效过滤器。

（2）高效过滤器更换程序　更换前备好相同型号的高效过滤器和密封条，检查高效过滤器是否包装完好，如有损坏不得使用；检查高效过滤器的生产日期，如超过保存期限（一般为三年）不得使用；切断机组电源，并悬挂“禁止合闸”警示牌；待风机停止运行后，将高效过滤器和密封条拆卸下来；在安装地点拆封高效过滤器，安装高效过滤器和密封条；安装完成后须检漏。

（3）高效过滤器检漏　每半年或更换高效过滤器后须使用尘埃粒子计数器检漏。被检过滤器需经过风量测定，在设计风量80%以上运行；检漏时，将尘埃粒子计数器采样器探头放在距离被检过滤器下游侧2～3cm，以5cm/s速度进行移动；对被检过滤器整个断面，特别是安装接缝处进行移动扫描，当微粒计数突然增大时，应停留做测量，如数值超过限值则为泄露，应更换高效过滤器。

六、评价与反馈

序号	评价内容	评价标准	分值	自评得分	教师评分
1	组合式空调机组维护保养	能正确维护保养组合式空调机组	30		
2	风管维护保养	能正确维护保养风管	30		
3	初、中效过滤器维护保养	（1）能判断初、中效过滤器是否应更换或报废 （2）能正确更换初、中效过滤器 （3）会清洗初、中效过滤器	20		
4	高效过滤器维护保养	（1）能判断高效过滤器是否应更换 （2）能正确更换高效过滤器 （3）会对高效过滤器检漏	20		
合计					

实训任务3-3　二级反渗透纯化水系统的操作

一、学习目标

1.掌握二级反渗透纯化水系统的组成、各部分的作用。
2.能操作运行二级反渗透纯化水系统。
3.具备GMP意识和科学严谨的工作态度。

二、任务描述

车间进行100万粒胶囊制剂生产，操作运行二级反渗透纯化水系统，生成合格的纯化水供车间使用。

三、获取资讯

1.二级反渗透纯化水系统　主要由原水预处理系统和反渗透系统组成。

2.原水预处理系统 主要由原水箱、多介质过滤器、活性炭过滤器、软化器、精密过滤器、热交换器等组成，主要作用是防止$CaCO_3$、$CaSO_4$、$SrSO_4$、CaF_2、SiO_2、铁铝氧化物等物质在膜面结垢，防止有机物质、微生物、胶体物质及悬浮固体微粒对膜面污堵，防止氧化性物质对膜的氧化破坏，保持反渗透装置产水量稳定。

（1）原水箱 材质一般为不锈钢，起稳定进水压力和流量、保证系统连续运行的作用。

（2）机械过滤器 过滤介质一般为石英砂、锰砂等，去除原水中的胶体、悬浮物、泥沙等以降低原水浊度对膜系统的影响，同时降低污染指数（SDI）值。

（3）活性炭过滤器 主要去除水中的游离氯、色度、微生物、有机物以及部分重金属等有害物质。

（4）软化器 介质一般为强酸性阳树脂，主要作用是将水中的钙、镁离子置换出来，使水中不易形成碳酸盐垢和硫酸盐垢，软化器配盐箱储存盐水，为树脂的再生提供饱和盐。

（5）精密过滤器 也称保安过滤器，一般为PP或陶瓷滤芯，主要是去除系统中带入的大颗粒（如管路的锈蚀产物等），防止膜受到大颗粒的冲击和划伤，并保护高压泵不受意外碎片的伤害。

（6）热交换器 用于系统巴氏消毒以及维持系统在常温下运行。

原水预处理后一般出水浊度<1、SDI<4、余氯<0.05ppm、化学需氧量COD<1.5ppm才能达到反渗透系统进水要求。

3.反渗透系统 主要包括加药装置、高压泵、反渗透主机等。

（1）加药装置 加入NaOH，用以调节进水的pH，使水中CO_2气体以离子态形式溶解于水中，能通过反渗透膜去除。

（2）高压泵 为反渗透主机提供工作所需要的水压和流量。

（3）反渗透主机 不锈钢膜壳，内装反渗透膜元件，膜材料一般为醋酸纤维素、聚酰胺等半透膜，可选择性地让水分子自由通过，如将半透膜两侧放入盐水和淡水，在渗透压的作用下，水分子从淡水侧通过半透膜进入盐水侧，此过程为渗透。当外界给盐水侧加压，且外压大于渗透压，则盐水侧水分子将逆向通过半透膜进入淡水侧，此过程即为反渗透（RO）。利用这一原理，对膜的原水侧施加高压，使水分子从原水中将分离出来成为纯化水。膜的组件形式一般以螺旋卷式和中空纤维管式较为常见。

4.纯化水标准 制得的纯化水按《中国药典》纯化水标准检验应合格。其中电导率≤0.5μS/cm（温度25℃），TOC<500 ppb，微生物<100CFU/ml，内毒素<0.25EU/ml，pH为5.0~7.0。

四、问题引导

1.如何清洗机械过滤器和活性炭过滤器？

____

____

2.开机时应注意哪些问题？

____

____

3.运行中遇到故障报警应如何处置？

____

____

五、任务实施

1.开机前准备

（1）检查设备是否清洁干净、无灰尘及油污。

（2）检查供水管线是否畅通及管道上的不锈钢浮球阀、水位传感器及压力传感器等是否正常。

2.开机

（1）打开电源按钮，指向“ON”，使纯化水系统处于通电状态。

（2）触摸屏打开后，点击“用户管理”进入用户登录界面。

（3）点击用户U1，输入相应密码进入“菜单选择画面”。

3.自动模式

（1）预处理　点击“预处理”，该模式下有“停止、自动运行、手动运行”三种情况；点击“砂清洗启动”，石英砂过滤器开始实现反洗、正洗；点击“碳清洗启动”，活性炭过滤器开始实现反洗、正洗；参数显示一栏显示剩余清洗时间，即完成相应步骤还剩下多少时间（其清洗的时间设定在“参数界面”完成设定）。“清洗结束”，在进行砂清洗、碳清洗过程中，可点击此按键，系统可停止执行步骤。

（2）巴氏消毒　完成清洗后，返回“菜单选择画面”，点击按键“灭菌”，将进入预处理消毒界面，此界面下依然分为“停止、自动运行、手动运行”；点击“灭菌启动”，预处理消毒程序将启动，在执行灭菌过程中，可点击“灭菌停止”，系统将停止灭菌过程；灭菌参数的选项分别有“升温时间、灭菌时间、剩余时间”。

（3）RO自动　完成巴氏消毒后，点击“返回”，进入菜单选择画面，选择“RO自动”；该模式下的运行情况依然有“停止、自动运行、手动运行”三种情况供选择；点击“RO启动按键”，执行RO自动运行模式；点击“运行模式按钮”，可进行“系统循环”和“系统非循环”两种模式。系统循环：点击启动后，纯化水系统将自动运行，当纯水罐液满后，系统将启动自动循环。系统非循环：点击启动后，纯化水系统将自动运行，当纯水罐液满后，系统将自动停止。

（4）完成以上操作后，纯化水设备将进入自动运行模式。

4.手动模式

（1）在菜单选择画面，点击手动，出现手动模式界面。

（2）手动模式的操作与自动模式顺序相同，但在进行操作前，应点击“手动启动按钮”，所有对应的部件才会接收命令动作。

5.参数设定 进入菜单选择画面，点击“参数设定”，将进入各种参数设定的界面。

其默认设置参数有加热温度给定值、自动运行温度报警、一级电导上限设置、一级电导回差设置、二级电导上限设置、二级电导回差设置、预处理加热温度量程、纯化水箱液位量程、原水停泵低位设置、原水开泵中位设置、原水进水中位设置、原水进水高位设置、纯水停泵低位设置、纯水开泵中位设置、纯水进水中位设置、纯水进水高位设置、预处理恒温温度设定、预处理灭菌温度设定、一级电导量程、原水箱液位量程、灭菌设定温度、灭菌设定时间、RO冲洗时间设定、高压泵延时设置、砂反洗时间设置、砂正洗时间设置、碳反洗时间设置、碳正洗时间设置、灭菌冲洗时间设置、二级电导量程、预处理压力开关延时设置等。

6.报警 听到报警声，点击“报警按钮”后，出现报警复位界面，查明原因后，按下复位按钮，可解除报警。

7.注意事项

（1）操作人员必须熟悉纯化水系统的结构、性能及操作方法。

（2）清洁机体前，须确认电源开关已切断。

（3）为减少触电的危险，机器开动前，不可打开电控箱。

（4）操作中不可将任何液体、水流等流入系统的电控部件，如电机、操作面板等。

（5）开机前须保证管路的畅通，否则会造成管路爆裂、电机烧毁等事故。

（6）使用手动操作时，必须保证原水箱及中水箱不是处于低水位状态。反渗透最高工作压力不得大于1.2MPa，否则反渗透膜将损坏。

六、评价与反馈

序号	评价内容	评价标准	分值	自评得分	教师评分
1	认识二级反渗透纯化水系统	（1）能说出二级反渗透纯化水系统的组成 （2）能说出二级反渗透纯化水系统各部分的作用 （3）能说出纯化水的标准	30		
2	操作二级反渗透纯化水系统	（1）能正确进行开机前检查操作 （2）能正确开机 （3）能正确操作预处理设备 （4）能正确对系统巴氏消毒 （5）能正确自动启动RO	60		
3	参数设定	能正确设定各种参数	10		
合计					

实训任务 3-4　二级反渗透纯化水系统的维护保养

一、学习目标

1.掌握二级反渗透膜元件的材料、特点、种类。
2.能维护保养二级反渗透纯化水系统。
3.具备GMP意识和科学严谨的工作态度。

二、任务描述

制剂车间停产检修，对二级反渗透纯化水系统的各个部件维护保养。

三、获取资讯

1.反渗透膜是一种模拟生物半透膜制成的人工半透膜，一般用醋酸纤维素和芳香聚酰胺类高分子材料制成。

2.反渗透膜具有以下特点：①生产效率高，在高流速下具有较高的脱盐率；②使用寿命长，具有较高的机械强度；③稳定性好，能耐受酸碱、生化的影响；④工作范围大，能在较低压力下开展反渗透操作，受pH、温度等因素影响较小；⑤制备简便，生产成本低廉。

3.反渗透膜元件的种类：反渗透膜元件有板框式、圆管式、中空纤维式和螺旋卷式四种，工业上常用中空纤维式和螺旋卷式膜元件。

（1）板框式膜组件结构紧凑，操作方便，不易阻塞，适应能力强。

（2）圆管式膜组件流体多属湍流流动，流动状态好，压力损失小，适合处理含较大颗粒和悬浮物的原液。但操作费用高，膜装填密度低。

（3）中空纤维式膜组件有效膜面积大，制造费用相对低。但流动阻力较大，污堵的可能性较大，无法进行机械清洗。

（4）螺旋卷式膜组件设计灵活，占地面积小，耗能低，但污堵的可能性较大，清洗不便。

四、问题引导

1.什么情况下应对反渗透膜进行化学清洗？

____

____

2.反渗透膜元件为什么不能反向安装？

____

____

五、任务实施

1.使用前维护

（1）二级反渗透纯化水系统由专人操作、保管、维护，并定期检查维护，以保证设备正常运转；仪器仪表应保持清洁、干燥，设备周围要经常进行打扫。

（2）每班使用前，应检查设备是否完整，是否有损坏现象，所有紧固件和机器零部件是否有松动现象，有无异常响声，并查看上一班运行记录，是否存在异常。

（3）检查电器的完整性，检查接地装置是否可靠。

2.清洗清洁维护　保安过滤器清洗：保安过滤器滤芯视原水情况经常清洗。清洗方法：拧下外壳，（打开滤器上方），取出滤芯；用高压自来水冲洗滤芯外部；置于纯水中浸泡30分钟后用纯水冲洗干净；重新装入即可。如清洗后仍达不到指标，则应更换，原则上要3～6个月更换一次。

3.反渗透膜化学清洗

（1）装置运行时如出现以下任意情况时，则必须进行化学清洗。①装置总压差比运行初期增加10%至15%（0.15至0.2MPa）时；②装置脱盐率比上次清洁后下降10%以上时；③装置的总产水量比上次清洗后下降了5%以上时；④已被证实有结垢或有污染时；⑤即使上述四种情况均未出现时，也应该每年清洗3~4次。需要注意的是，反渗透膜本身受水温、压力、pH等参数影响，膜的清洗条件应综合考虑。

（2）清洗方法

1）选择清洗液　分析污染物确定清洗液种类，$CaCO_3$结垢和重金属污染采用酸洗（盐酸、柠檬酸等），有机物污染采用碱洗（氢氧化钠、三聚磷酸钠、EDTA等）。

2）配置清洗液　用纯化水按规定浓度配制，配置和清洗时清洗液温度控制在15~30℃。

3）低流量加药　用尽可能低的清洗流量置换元件内的原工艺水，加药压力应低到没有渗透液产生，仅够补充浓水流出损失的压力，置换掉原工艺水以保证清洗液浓度。

4）中流量循环　当浓水管路中出现清洗液，可以让清洗液返回清洗液水箱循环清洗15分钟或直到颜色不变为止。如果颜色仍发生变化，应更换清洗液重新清洗。酸洗时要检查pH，如增加0.5个单位则需补充清洗液。

5）浸泡　关掉循环泵，让元件浸泡在清洗液中，使清洗液与污染物发生化学反应，溶于化学液中达到化学清洗的目的。浸泡时间随污染严重程度而定，长时间浸泡可定时慢速循环维持温度，并检查pH，pH变化0.5个单位则要补酸或补碱。

6）高流量循环　打开循环泵，高流量清洗30分钟以上，让清洗液与膜内部分子发生渗透、摩擦、剪切等动力接触，将膜表面清洗下来的污垢冲出，提高清洗效果。

7）冲洗　用预处理后的水或纯化水冲洗元件，冲洗时间为30～60分钟，并将反渗透出口水放空排掉。

8）漂洗　因清洗液可能会残留在渗透液侧，故冲洗完成后，应立即开机运行对膜进行漂洗，渗透液排水应在10分钟以上，直至水质达到所需标准。当另一清洗液清洗元件时，也应漂洗，防止不同清洗液发生化学反应。

4.组件拆装更换

（1）膜元件安装

1）取下膜壳两端端板，清洁膜壳内部。

2）取出新的膜元件（有保护液，操作要小心，不能掉落），用纯化水清洗膜元件备用。

3）膜元件（图3-1）进水侧有一个浓水密封圈，密封圈的开口向进水侧，所以安装方向必须朝向进口侧，若反向安装则不能密闭，故膜元件从进水一侧安装。浓水密封圈的功能是密封膜元件与膜壳之间的间隙，保证进水全部经过膜元件内的通道流动。将第一支膜元件不带浓水密封圈一侧中心管上安装适配器，安装时用适量的润滑油（常用甘油）润滑密封。

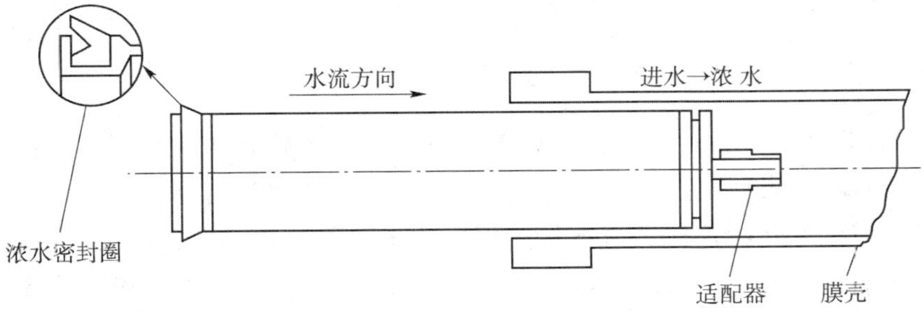

图3-1　膜元件结构图

4）将适配器一端从进水侧平行插入，将膜元件的2/3慢慢推入，注意勿触及压力容器的边缘。膜元件推入时要避免过头，过头后拉出会导致浓水密封圈变形，影响密封效果。

5）第二支膜元件中心管与第一支膜元件中心管用连接器或连接插件（O形圈）连接，安装时用适量的润滑油（常用甘油）润滑密封，连接后水平推入第二支膜元件的2/3。重复上述步骤依次安装后续膜元件（图3-2）。

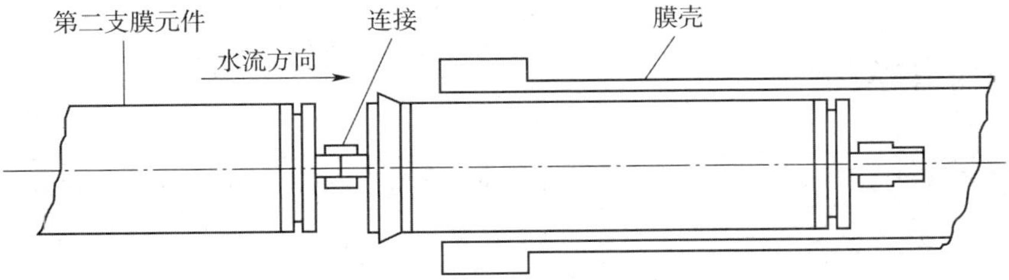

图3-2　膜元件安装示意图

6）安装浓水侧端板，与第一支膜元件上适配器连接，安装时用适量的润滑油，对端板密封件进行细致擦涂，确保不漏液。从进水侧推动膜元件，保证所有组件完全紧密连接。

7）在最后一支膜元件中心管上安装适配器，与进水侧端板连接后安装进水侧端板。膜壳和膜元件会有尺寸偏差，安装后会有间隙，所以在进水侧端板安装前，应注意测量膜壳与膜元件之间的间隙，通过在适配器上安装垫片消除安装间隙（图3-3）。

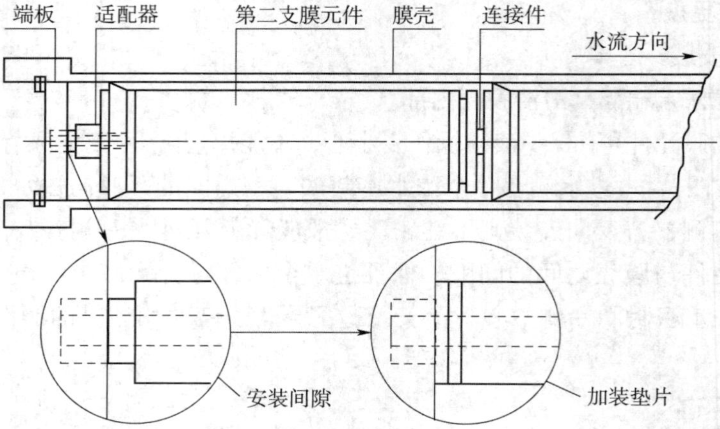

图 3-3　端板及垫片安装示意图

（2）膜元件拆卸　①拆掉膜壳两端的外接硬管，卸下膜壳两端的端板组合件。②从进水侧推顶膜元件，从浓水侧让膜元件的部分露出，从浓水侧平行地、慢慢地将露出的膜元件拉出，拆开膜元件间的连接器或连接插件，取出第一个膜元件，拆卸时不得左右摇晃。③用与膜元件中心管同直径的顶入管将第2个膜元件顶出，再按上述操作将膜元件一根一根地取出。④拆卸好的膜元件应立即浸入保存溶液中，绝对不能干置于空气中。

5.维护保养

（1）每季度对设备的配电箱进行清扫，以保证清洁。

（2）每半年进行一次电气检修，检修包括绝缘测试、开关通断测试、灵敏度检测，接线端子是否牢靠，电机运行状况等，并对电机轴承进行检查，设备外壳接地每半年紧固一次。

（3）安全罩盖、压力表、温度计、压力开关、安全阀等每季度检查，每年年检。

六、评价与反馈

序号	评价内容	评价标准	分值	自评得分	教师评分
1	认识二级反渗透纯化水系统膜元件	（1）能说出反渗透膜元件的材料 （2）能说出反渗透膜元件的种类 （3）能说出反渗透膜元件的特点	10		

续表

序号	评价内容	评价标准	分值	自评得分	教师评分
2	使用前维护	（1）能正确开展使用前维护 （2）能正确清洗清洁保安过滤器	20		
3	反渗透膜化学清洗	（1）能判断反渗透膜何时需要化学清洗 （2）能正确操作反渗透膜化学清洗	30		
4	组件拆装更换	（1）能正确拆卸反渗透膜元件 （2）能正确安装反渗透膜元件	40		
合计					

实训任务 3-5　纯化水输送系统的维护保养

一、学习目标

1.掌握纯化水输送系统消毒清洗频率。

2.能维护保养纯化水输送系统。

3.具备GMP意识和科学严谨的工作态度。

二、任务描述

制剂车间初装纯化水输送系统，需对纯化水输送系统的贮罐、管道进行清洗、钝化、消毒。

三、获取资讯

1.初装或变动后的纯化水系统贮罐和管道应进行清洗、钝化和消毒。正常生产状态下的纯化水输送系统每月至少进行1次巴氏消毒，每年至少碱洗1次，原水罐至少每6个月清洗1次。

2.纯化水系统贮罐和管道应为316L不锈钢材质。

3.管道常通过焊接或卡箍方式连接，铺设应有5%的坡度，要减少盲管。

4.初装及变动后的纯化水系统贮罐、管道的清洗、钝化、消毒应按以下步骤进行处理。

5.每月对贮存与输送系统、活性炭过滤器进行巴氏消毒一次。原水罐每6个月清洗一次；纯化水贮存与输送管道每年碱洗一次。

四、问题引导

什么情况下应对纯化水系统贮罐和管道进行清洗、钝化和消毒？

____

____

____

五、任务实施

1.纯化水循环预冲洗 利用一个贮液罐和水泵，与需处理的贮罐、管道连成一个循环通路，在贮液罐中加入足够的常温纯化水，用水泵加以循环，30分钟后打开排水阀，边循环边排放。

2.碱液清洗 用分析纯NaOH在碱箱内配制满箱体积浓度为6%的溶液后，拆下贮液罐与纯化水循环泵连接的管道，然后将备用软管的一头接上快装头与纯化水循环泵连接，另一头放在碱箱内底部，关上贮液罐底出水阀与循环管道排污阀，打开循环管道回水阀，再打开纯化水循环泵，将碱箱内碱液完全抽入循环管道内。关闭循环泵与循环泵上进水阀，拆下与纯化水循环泵连接的软管，装上贮液罐与纯化水循环泵连接的管道，打开循环泵循环60分钟后打开循环管道排污阀，关闭循环管道回水阀将碱液排放干净。

3.冲洗 碱液排放干净后将纯化水注入贮液罐，打开循环管道回水阀，启动纯化水循环泵进行循环并排放，直至贮液罐与回水pH呈中性，再打开各出水点阀门排放冲洗至中性。

4.钝化 用硝酸（化学纯）加纯化水配制成20%浓度的溶液1500L，抽入储罐内，开启循环泵，每支路分别循环2小时后分次排放至塑料桶中，用碱液中和排放。

5.冲洗 酸液排放净后将纯化水注入贮液罐，启动循环泵循环约30分钟，打开回水放水阀及各放水阀门，边循环边排放。完毕后将纯化水再次注满清洗贮液罐，开启循环泵，循环冲洗约15分钟，从放水阀排放；之后再注满纯化水，打开放水阀门，开启循环泵，边循环边排放直到总回水pH接近中性（pH相差不大于1）；排放后，拆除清洗钝化管路，连接好各输配系统管路。

6.巴氏消毒 按制备纯化水的程序生产纯化水至储罐高水位，开启循环输送系统热交换器进水阀和循环输送系统热交换器出水阀，再关闭循环输送系统总送水阀，保持循环输送系统各使用点阀门关闭，使纯化水通过热交换器形成循环。

打开循环输送系统热交换器的工业蒸汽进汽阀，同时开启巴氏消毒控制器电源，设置送水口消毒温度为95℃左右，热交换器自动开始对循环的纯化水进行加热，当纯化水循环回水加热到85℃后开始计时，保温消毒45分钟后，关闭控制器，热交换器停止加热。

打开纯水排放阀排放全部纯化水，之后关闭纯水排放阀门。再打开循环输送系统总送水阀，关闭循环输送系统热交换器的进水阀和出水阀，再制备新的纯化水对管道和贮液罐循环冲洗，直至循环回水电导率和pH合格后，方可制备新的纯化水并开始储存与循环输送。

7.记录纯化水贮液罐、管道以及活性炭过滤器的清洗、钝化、消毒过程。

六、评价与反馈

序号	评价内容	评价标准	分值	自评得分	教师评分
1	认识纯化水输送系统	（1）能说出纯化水输送系统清洗、钝化和消毒周期 （2）能说出纯化水输送系统的常用材质 （3）能说出纯化水输送系统的铺设基本原则	20		
2	纯化水输送系统钝化	（1）能正确用碱液清洗纯化水输送系统 （2）能正确钝化纯化水输送系统	40		
3	纯化水输送系统消毒	能用巴氏消毒法对纯化水输送系统消毒	40		
合计					

项目四　常见制药设备故障判断和排除

实训任务 4-1　沸腾干燥制粒机常见故障判断和排除

一、学习目标

1. 掌握沸腾干燥制粒机控制原理。
2. 掌握沸腾干燥制粒机常见故障的判断方法。
3. 能够及时对沸腾干燥制粒机常见故障进行排除。
4. 具备沉重冷静处理突发事件的能力和敏感的判断力。

二、任务描述

设备科接到设备报修电话，一车间的沸腾干燥制粒机送电后指示灯亮但无法启动，要求设备维修人员立即进行抢修。

三、获取资讯

（一）公司对设备检修的相关规定

设备维修安全管理规程

<table>
<tr><td>文件编码</td><td colspan="5">SMP-05-010-01</td></tr>
<tr><td colspan="6">文件形成及控制：</td></tr>
<tr><td></td><td>部门</td><td colspan="2">姓名</td><td>签名</td><td>日期</td></tr>
<tr><td>起草人</td><td>设备管理部</td><td colspan="2"></td><td></td><td>年　月　日</td></tr>
<tr><td rowspan="2">审核人</td><td>设备管理部</td><td colspan="2"></td><td></td><td>年　月　日</td></tr>
<tr><td>质量管理部</td><td colspan="2"></td><td></td><td>年　月　日</td></tr>
<tr><td>批准人</td><td>生产负责人</td><td colspan="2"></td><td></td><td>年　月　日</td></tr>
<tr><td>执行日期</td><td colspan="5">年　月　日</td></tr>
<tr><td rowspan="2">颁发部门</td><td colspan="2">GMP文件办</td><td colspan="3">年　月　日</td></tr>
<tr><td colspan="2">存档（书面、电子文档）各2份</td><td>颁发份数</td><td colspan="2">各部门1份，共2份</td></tr>
<tr><td>分发部门</td><td colspan="5">采供管理部[　]　质量管理部[√]　生产管理部[　]
设备管理部[√]　仓储物流部[　]　营销管理部[　]
人力行政部[　]　财务管理部[　]</td></tr>
</table>

1.目的 为加强公司设备设施检修的安全管理和完善生产工作区域的安全技术措施，确保检修期间的安全作业和修后的正常生产，特制定本制度。

2.范围 本制度适用于公司设备设施的小修、中修、大修以及临时停机抢修范围。

3.职责

（1）设备管理部负责对全厂的设施设备进行维护检修工作。

（2）生产管理部负责配合设备管理部对全厂的设施设备进行检修维护。

（3）采供管理部负责对全厂设施设备的备件及急需件进行采购预备工作。

4.内容

（1）检修组织

1）设备管理部各班组必须明确检修内容、检修时间和检修规程。

2）较大项目检修维护，全公司或全车间大修必须成立大修指挥部，明确维护主体，确保安全检修。

3）检修维护计划的编制须项目齐全，内容须详细，责任明确，措施具体，凡多人检修的项目必须确定当班检修安全责任人。

4）设备管理部对检修任务、检修质量、检修项目负第一责任。

5）所有参加检修的人员须熟悉检修现场环境和安全作业条件，并拟定好安全检修措施。

6）重大项目的检修须做好安全预案，特别是高空作业、悬空作业、平行交叉作业、停（供）电作业。

（2）检修准备

1）进入检修岗位前须确认检修工具和安全用具、器具的性能良好，切须对其进行安全性能确认，确认安全方可带工具进行检修。

2）特殊工种岗位的检修作业，必须配备相应持证的作业人员，严格按照安全要求作业。

3）多人检修的项目检修人应相互提醒、相互督促，自觉做到安全第一的原则。

4）检修项目的负责人和安全监督员必须做好安全防范措施的检查工作，对检修人员安全作业状态进行监督，及时制止违规操作，发现险情应及时停止检修，撤离人员，采取紧急处置措施，并及时向相关部门汇报。

5）检修易燃、易爆、有毒、有害带腐蚀性物质的设备，检修前的清洗置换工作应当在有专业人员在场的情况下进行。

6）易燃、易爆、有毒和腐蚀性设备及蒸汽管路检修时必须切断物料出入口阀门，并添加盲板，防止安全事故发生。

7）检修准备工作结束，在实施检修前必须填写《现场检修作业安全检查表》（一般概指需多人进行检修或检修危险性较大的设备才填写，小型设备、无危害设备可不填写），并交设备管理部存档。

(3)具体检修作业要求

1)凡对机电传动部分的设备检修，必须切断电源，拆除传动皮带，并悬挂“禁止合闸”的警告牌。

2)凡贮液罐、设备管道检修，需要在已切断物料管道阀门设“禁止开动”的标识牌。

3)一切参检人员必须服从指挥，做到“四不施工”。①检修安全措施不落实不施工；②起重设备工具不合格不施工；③高空作业和多层次交叉作业无安全防护措施不施工；④没有明确检修任务不施工。

4)做到“四不拆”。①设备带压不拆；②传动设备电源未断不拆；③设备高温、过冷不拆；④工具不合格不拆。

5)从事有毒有害系统检修和事故抢修，要备好防护器具和急救药品，以备急用。

6)专人监督。检修现场的器材物品要放置整齐、稳固；预留孔洞、坑沟要设护栏或盖板。因施工需要被临时破坏的安全防护装置及其他设施需要在检修完成后第一时间内恢复。

7)焊接检修安全要求。①焊接工作需要由专人负责，且持证上岗，无证人员不得从事焊接相关检修。②高压线下、蒸汽管道下禁止放置乙炔等焊接能源。③电弧焊接工艺设备要符合以下标准。

A.每台电焊机的电源要独立安设。

B.焊接二次线圈及外壳必须妥善接地，其接地电阻不大于4Ω。

C.一次线路与二次线路必须完整，并且易辨认，绝缘要良好，一次线一般长度不超过5米。

D.焊接夹把绝缘要良好，必要时应有护手挡板。

E.电焊工检修作业时，不得任意移动防护接地的设备。

F.电焊工在地面施焊时，应穿绝缘胶鞋或站在绝缘处，在潮湿工地、地沟、槽罐内要穿绝缘胶鞋，并站在备好的绝缘板上进行焊接作业。

G.电焊作业在多人交叉作业场所，要设有防护遮板，以防电弧刺伤他人。

8)拆除工作。①拆除工作应制定拆除预案；②拆除的物件、器材不允许上下抛，应及时清理干净。

9)检修完工安全验收。①检修结束后，检修人员要及时清理检修场所，对搭设的作业操作台，接设的电源全部拆除，做到工完室净。②检修结束在调试正常后，在未交付操作人员使用前，不得拆除悬挂的各种“警告牌”和开启切断的物料管道阀门。③经检查检修的项目、检修质量符合标准，验收签字后方可拆除悬挂的“警告牌”，凡是拆除警告牌的均已认为有电、有能源供给，检修单位不得进入设备以及检查传动装置。

(4)记录名称及编码 《现场检修作业安全检查表》。

（二）制药设备电气线路的常见故障问题及检测方法

1.常见故障问题

（1）电流超限故障问题　所谓电流超限，即平常所说的“过电流”。这是机电设备在运行过程中经常发生的电气线路故障问题之一。之所以会发生这类故障，主要是由于设备在实际运行的过程中没有及时做好电流的检查和控制工作，导致运行电流远远高于机电系统或者电器元件所规定的额定电流。此外，操作人员启动方法不当或者负载过大也可能导致此类故障。从以往的实践经验可以看出，电流超限故障问题对电力生产活动的安全高效开展是非常不利的。

（2）线路短路故障问题　电气线路短路是机电设备运行过程中频繁发生的一种故障，站在短路原因的角度来看，通常情况下是与设备、线路的绝缘性有关，同时也可能是因为受到周边物体的干扰。根据短路故障的表现形式，主要可将其分为变压器绕组匝间短路、接地短路、三相短路等类型。不管是哪种原因所导致的线路短路故障，都会对机电设备的正常运行造成极大的负面影响。

（3）电源缺相故障问题　此类故障问题的出现频率相对于前两种故障来说比较低，但这一故障问题导致的后果也是非常严重的，需要引起高度重视。电源缺相一般指的是三相电源中的某一相电源由于高温熔断而发生的故障问题，其直接后果就是导致三相电源难以保持正常的运行状态，进而对整个机电工作系统的安全运行造成严重威胁。

2.电气线路故障检修的主要流程及方法

（1）流程分析　首先，机电设备的检修维护人员应当对设备的安装与操作进行全面了解。一旦遇到设备故障，必须在第一时间切断运行开关，并按照对应的安装图纸对其故障所在位置进行仔细查找，这就要求检修人员必须掌握有关机电设备的工作原理及其内部接线构造特征，并能熟练运用各种检修与维护方法。其次，在实际遇到电气线路故障问题的时候，检修维护人员应当及时和操作人员进行交流，从而对设备在出现故障前后的运行状况有一个大致的了解，以便节约查找故障的时间，提高故障检修效率，最大限度降低故障问题造成的不良影响。再次，故障检修人员在基本掌握故障的具体情况之后，应当结合电气设计图纸等对设备的故障位置进行准确分析，尽量在最短的时间内定位到最精确的故障点。最后，一旦故障的具体位置确定之后，检修人员应当根据故障点所在位置的不同采取针对性的维修手段。若设备的外观没有出现明显问题，则应当着重对故障位置的内部构造进行检修；若设备的外观存在明显问题，则应当对故障所在位置的外观进行全面修复。待检修工作完成之后，检修人员应当总结故障出现的主要原因，从而采取适当的防范措施，以免下次再出现同样的故障问题。

（2）方法分析

1）感官判断法　就是借助检修人员自身的视觉、听觉、触觉等来判断故障点的所在。这一方法的主要优点是能有效减少材料成本的支出，但缺点是需要花费较长时间，因为某些故障问题比较小，很难依靠人体的感官来判断。具体来说，在运用感官判断法对故障问题进行判断的时候，需要用到手、鼻、耳、眼这四个感觉器官。首先，检修人员可利用自己的手去触摸机电设备的外表，判断其是否存在非正常发热问题，若存在，则可以考虑设备故障可能是由于空间气体流通不畅而使设备不能正常排放热量造成的。其次，检修人员可用鼻子去闻机电设备是否有烟味或者焦臭味，进而大致定位其故障点所在。再次，用耳朵来听机电设备运行过程中发出的声响也是判断其故障所在的一种重要方法。若发现机电设备运行中有杂音，则可能是电动机等部位存在问题。最后，检修人员还可用自己的眼睛去观察电气线路，检查其是否存在断线、掉线等问题，进而找出故障所在。

2）电压检测法　在运用电压检测法对电气线路故障问题进行检测的时候，应当先完成设备的断路处理工作，之后再借助万能表对电路的两端电压加以检测，为了保证检测结果的精确性，应进行多次反复检验。一般来说，电压检测法主要可分为分段测量法与分阶测量法两类，二者的操作原理基本一致，但是在检测部位上存在不同，分阶测量法需要对各个不同的部位进行检验，从而找出故障发生位置，分段测量法则不需要逐一进行检测，而只需要选取某段进行检测。所以，如果电气线路出现大面积的短路现象，最好采用分段测量法，这样可以节约故障检测时间，提高工作效率。

3）操作检查法　就是检修人员通过对机电设备进行某些实际操作来实现故障点的判断与定位，这一检修方法需要在通电的条件下进行。在实际操作时，检修人员只需要对开关或者其他相关按钮进行控制，就能很快找出机电设备电气线路故障的具体方位，从而制定针对性的处理方案。

（三）沸腾干燥制粒机常见的机械和电气故障

常见故障	产生原因	排出故障
沸腾状态不佳	（1）袋滤器长时间没有抖动，布袋上吸附的粉末太多	（1）检查袋滤器抖动气缸
	（2）沸腾高度太高、状态激烈，床层负压高，粉末吸附在袋滤器上	（2）调小风门的开启度，抖动袋滤器
排出空气细粉多	（1）袋滤器布袋破裂	（1）检查袋滤器布袋是否有破口，如有小孔不能用，必须补好
	（2）床层负压高，将细粉抽除	（2）调节风门开启度

续表

常见故障	产生原因	排出故障
干燥颗粒时出现沟流或死角	（1）颗粒含水分太高	（1）降低颗粒水分 （2）先不装足量待其稍干后再将湿颗粒加入
	（2）湿颗粒进入原料容器里置放过久	（1）湿颗粒不要久放原料容器中 （2）开机时将插板风门开闭几次，注意气缸的执行节奏要全开全闭引风管，使其流化床内激烈躁动，抖动抖松颗粒，消除沟流
干燥颗粒时出现结块现象	（1）部分湿颗粒在原料容器中压死	（1）开机时将插板风门开闭几次，注意气缸的执行节奏要全开全闭引风管，使其流化床内激烈躁动，抖动抖松颗粒，消除沟流
	（2）抖动袋滤器周期台场	（2）调抖袋时间
制粒操作时分布不均	（1）喷嘴开闭不严有滴漏	检查喷嘴开闭情况，是否灵敏可靠
	（2）雾化压缩空气压力偏小	（1）调整雾化压力 （2）降低泵的电压，调小液流量
	（3）喷嘴有块状物堵塞	检查喷嘴，排除块状异物
	（4）喷嘴出口雾化角不好	调整喷嘴的雾化角
合上电源总闸，电源指示灯不亮，按下启动开关，顶升和风机都不工作，显示屏也无法显示	总路熔断器损坏，电路断路	断电后用万用表检查电源指示灯前段电路各器件的电阻值，如果为无穷大，说明此处断路
合上电源总闸，电源指示灯亮，按下顶升启动开关，顶升不工作，顶升指示灯不亮，按下风机启动按钮，风机也不工作	中间继电器KA1损坏，或其触点动作不灵活	断电后用万用表电阻档测中间继电器KA1线圈的电阻，如果为无穷大则说明中间继电器KA1处断路
合上电源总闸，电源指示灯亮，顶升完成后风机无法启动	接触器KM1损坏，或其触点动作不灵活	断电后用万用表电阻档测交流接触器KM1线圈的电阻，如果为无穷大则说明KM1处断路

（四）识读沸腾干燥制粒机电气控制原理图

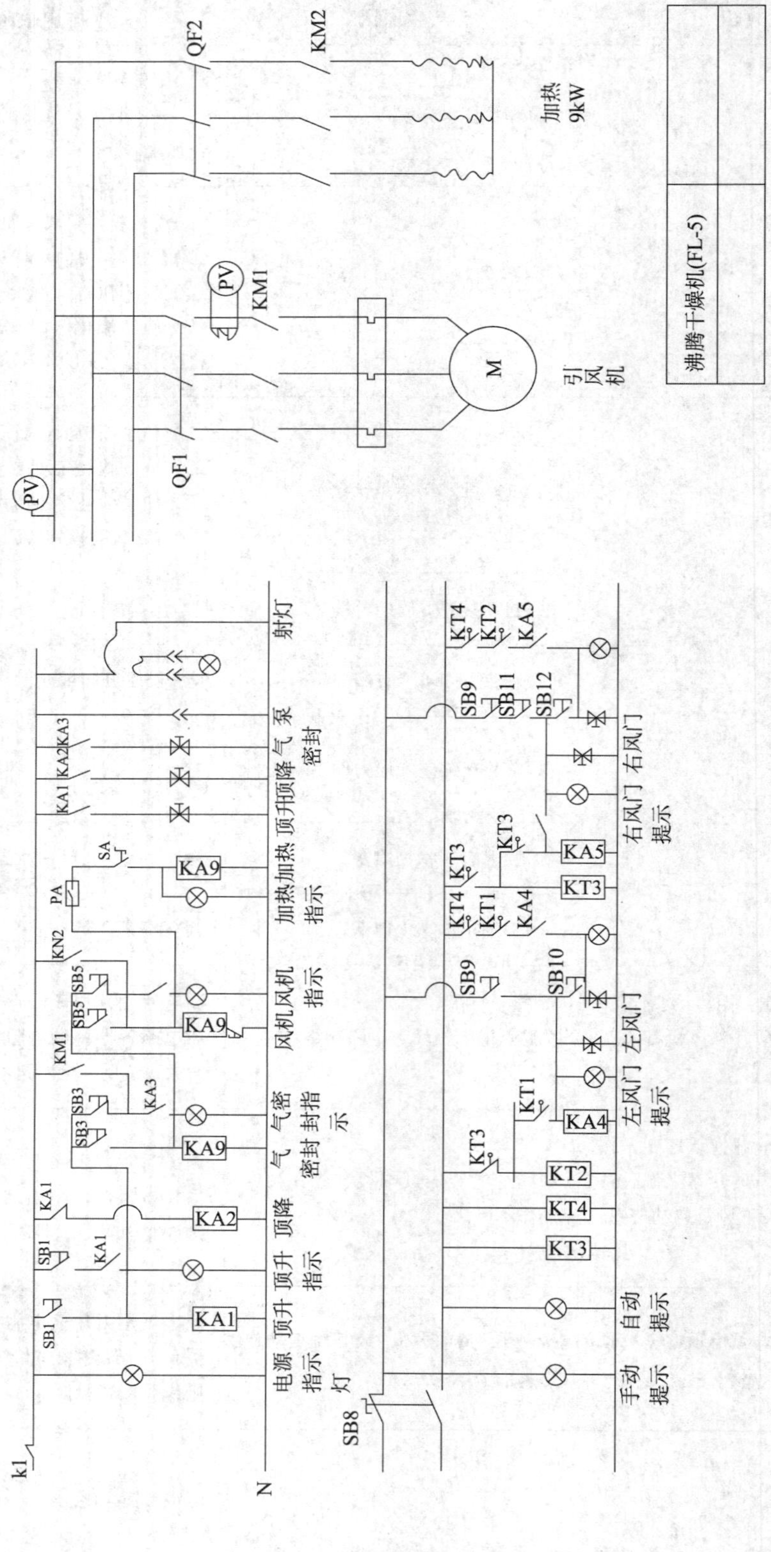

1.沸腾干燥制粒机电力拖动及控制要求　由沸腾干燥制粒机结构分析，沸腾干燥制粒机的动作大致有以下两种：一是引风机的旋转，二是电热丝的加热。

2.沸腾干燥制粒机的电气控制电路分析

（1）主电路分析　沸腾干燥制粒机主电路由两条电路组成，分别是引风机和加热丝。引风机主要将空气引入设备内部，加热丝主要负责将空气加热到适当的温度。

主电路中引风机M由交流接触器KM1控制，断路器QF1总体控制电源，主电路中由电流表PA监测电流，电压表PV监测电压，热继电器FR监测风机是否过载。功率为9kW的加热丝由交流接触器KM2控制，总电源由断路器QF2控制。

（2）控制电路分析　合上总电源开关QF和引风机电源断路器QF1，按下顶升开关SB1，中间继电器KA1线圈得电，KA1常开触点闭合，顶升打开，顶升指示灯亮；按下气密封开关SB3，中间继电器KA3线圈得电，KA3常开触点闭合，气密封打开，气密封指示灯亮；按下引风机开关SB5，交流接触器KM1得电，KM1常开辅助触点闭合，并将KM1线圈自锁，风机指示灯亮，KM1主触点闭合，引风机开始工作。待电流表监测到引风机主回路中电流稳定后电流继电器的常开触点闭合，为打开加热丝进行加热做好准备。这时合上加热丝电源断路器QF2，按下加热开关SB7，交流接触器KM2线圈得电，KM2常开主触头闭合，加热丝得电进行加热，加热指示灯亮。按下按钮SB8，将手动控制变为自动控制，沸腾干燥制粒机自动进行干燥制粒。自动控制沸腾干燥机制粒的控制原理请自行分析。

四、问题引导

1.根据电气控制原理图以及故障描述如何找到故障点？

____

____

____

2.如何在设备实际控制线路中找到可能存在的故障区域？

____

____

____

3.根据所假设的故障区域如何用万用表进行测试？

____

____

____

4.请分析沸腾干燥制粒机关机控制电路。

____

____

____

五、任务实施

（一）明确任务

接收检修任务，明确检修类别和检修内容以及检修时间，如果是较大项目检修，成立大修指挥部，明确维护主体，落实参与本次检修的人员，指定当班检修安全责任人。

（二）拟定安全措施

根据成立的检修组，检修组负责人召集检修组成员熟悉检修现场环境和安全作业条件，拟定好安全检修措施。以下为XXX公司沸腾干燥制粒机检修安全措施。

为了加强XXX公司沸腾干燥制粒机检修现场安全管理，规范检修人员的行为，保证此次检修工作安全有效的进行，制定本次检修安全措施。

1.参加检修的工作人员，应严格遵照各工种安全操作规程操作，明确工作内容和安全措施。

2.凡参加检修的人员都必须按规定穿戴劳动保护用品（包括工作服、帽、鞋、手套等），禁止赤裸上身、穿拖鞋或赤脚在现场作业，进入工作现场需穿洁净服、戴安全帽。

3.检修人员在使用手锤、电焊、气焊、气割等专用工具时，应严格遵照各工具的操作规程，以免发生事故。

4.进行电、气焊、气割时，操作场地应通风良好，无易燃、易爆物品，各类气瓶要距明火10m以上。氧气瓶距乙炔气瓶5m以上，严禁在附近吸烟。严禁在有压缩液体或压缩气体的容器、带电设备以及正在运转的机械上进行焊接、气割。

5.检修项目必须由项目负责人统一指挥，并办理相应工作证，方可开展工作。

6.设备在检修时，必须严格执行保证安全的组织措施和技术措施。防止高空摔跌、砸、碰伤事故；防止触电；防止机械伤害事故。

（1）防止高空摔跌、砸、碰伤事故　①按规定使用安全带、工具袋；②工作面下面应有围栏、安全警示标志或其他防护措施；③不许上下投掷工具或材料；④禁止攀登不牢靠的构架；⑤所有进入工作现场的人员必须戴安全帽；⑥检修时移开的盖板、孔、围栏，离开现场时应恢复或采取可靠防止跌伤的安全措施。

（2）防止触电事故

1）对于重大检修项目，做好安全应急预案，如停（供）电作业时制定相应的安全应急预案。

2）检修准备

①检修工具准备：准备好设备检修的常用工具，如果需要领用公用工具应提前向设备管理员办理借用手续。进入检修岗位前还须各自确认检修工具和安全用具、器具的性能良好，切须对其进行安全性能确认，确认安全方可带工具进行检修。行灯电压不准超过36 V；金

属容器内使用的行灯不准超过12 V；接入低压电器设备工作前，必须验电，检查无误后方可送电；严禁约定时间送电；电动工具不得使用花线、塑料线，必须使用电缆线。

②检修设备对应的资料准备：沸腾干燥制粒机对应的设备使用说明书、装配图、电气原理图、使用登记、维修记录等。

③检修人员安全教育，宣贯安全检修措施：检维修前必须对参加检维修作业的人员进行安全教育，内容包括：有关检维修的安全规章制度；检维修作业现场和作业过程中可能存在或出现的不安全因素或对策；个人防护用品和用具的正确佩戴和使用；检维修作业项目、人物、检维修方案和安全措施。

④根据设备故障现象，初步拟定设备检修方案。

⑤检修准备工作结束，在实施检修前完成现场检修作用安全检查，并填写《现场检修作业安全检查表》，并交设备管理部留存。

现场检修作业安全检查表

检修项目：供配电检修□　机械设备检修(能源检修□　检查人员：　　　年　　　月　　　日

序号情况	检查内容	检查标准	检查方法	检查
1	检查作业人员安全着装情况	须佩戴安全帽的检修岗位须严格佩戴安全帽；悬空及空中检修须系好安全带，工作服袖口扎紧，戴好施工手套，必要时佩戴护目镜	现场查看人员	
2	查“四不施工” (1)检修安全措施不落实不施工 (2)起重设备工具不合格不施工 (3)高空作业和多层次交叉作业无安全防护措施不施工 (4)没有明确检修任务不施工	(1)安全落实 (2)工具合格 (3)安全防护完善 (4)检修任务明确	现场检查	
3	查“四不拆” (1)设备带压不拆 (2)传动设备电源未断不拆 (3)设备高温、过冷不拆 (4)工具不合格不拆	(1)查看检修前设备压力是否释放 (2)检查传动设备电源是否断开 (3)查看设备检修前温度是否适合检修 (4)查看工具是否齐全且安全性能符合	现场检查	
4	规范文明检修作业情况	现场物品摆放不得影响人员行走；不得堵塞安全通道及疏散通道，不得野蛮作业，禁止从上向下抛扔工具，做到工完料尽地面净	现场监督检查	
5	供配电检修 (1)检修前断电开关是否断开 (2)检修安全接地装置是否完好 (3)供配电检修时是否工具合格 (4)供配电检修不允许单人检修	(1)查看开关是否断开 (2)查看接地装置是否完好 (3)查看工具是否合格 (4)是否是多人进行检修	现场监督检查	

（3）防止机械伤害事故

1）防止砂轮、角磨机、无齿锯碎片伤人，应戴头盔或护目镜。

2）防止旋转时异物飞出伤人。

3）收工时清点人员和工具，防止遗留在设备内。

4）不准检修人员自己试运行。

5）转动机械检修后，要及时恢复常设保护装置和防护设施。

7.检修工作中，拆下的零部件应妥善放置，不得丢失。检修机械零部件的接合面时，应将吊起部分垫稳，手不得伸入其间。检查设备内部，应用行灯或手电筒，不得使用明火照明。检查容易倾倒的部件时，必须支撑牢固。

8.起重作业安全措施

（1）起重作业必须由专人指挥，并由专职人员担任司机。

（2）起吊重物要平稳。

（3）看不清重物不指挥；看不清指挥员不操作；不准向吊物下伸头、手；重物在悬挂状态时不得离人。

（4）根据吊物选用合适的绳索、吊环。

（5）检查挂钩方法，钢丝绳不滑脱、不折弯、不直接与尖锐边缘摩擦。

（6）不准超负荷使用起重设备和吊具、绳索。

（7）起吊重物过程中，严禁对被吊物件施焊。

9.明火作业安全措施

（1）禁火区明火作业要办动火证。

（2）有监护人员和消防器材。

（3）清理周围易燃易爆物品。

（4）油管道油箱焊接按规程进行。

10.重点作业安全措施

（1）进入制药车间时衣袋中严禁有零星物品。

（2）每天工作结束应做到以下两点。

1）两清　①清点工具、零件、妥善保管；②清理现场，设备遮盖加封。

2）四查　①查现场有无遗留火种；②查沟、坑、孔、洞盖板，围栏是否齐全；③查拆开的管道、阀门口封堵是否良好；④查检修用电源是否断开。

（三）现场故障检查与排除

做好准备的前提下来到制药设备车间，针对出现故障的沸腾干燥制粒机进行观察，现场发现该设备部件齐全，工位干净整洁。送电后电源指示灯亮，恢复急停按钮，进一步打开顶升按钮，发现顶升指示灯也亮，打开气封按钮，气密指示灯也亮，再按下引风机启动按钮时，引风机没有反应，根据一步一步的操作判断出是空压机到风机段的电路出了问题。或者是引风机的主回路中存在断路。进一步观察发现风机指示灯亮，则可以判断出风机控制回路中有电流流过，因此把故障点锁定在风机的主回路中。

接下来使用万用表对风机主回路进行通断测试，可以带电测试或者不带电测试，为了安全起见，选择不带电测试。

首先找到风机的主电路图，并将电路图中的所有元器件在控制柜中找到其相应的位置，根据电路图，对三条主线路进行一一排查。

断开电源总开关，并挂上“禁止合闸”标识牌，打开万用表，将档位拨到蜂鸣档，对风机所在的三条主回路中（图4-1）A路进行测试，在QF1区域测试是需合上QF1，一只表笔与断路器QF1一相的进线端金属丝接触，一只表笔与该断路器同一相的出线端金属丝接触，如果响起蜂鸣声则表示该处为通路，同样的方法依次测试，直到测试到风机的前端，如果风机前端三相线路都是通路则表示风机本身存在问题。需对风机进一步检查，或者更换引风机。

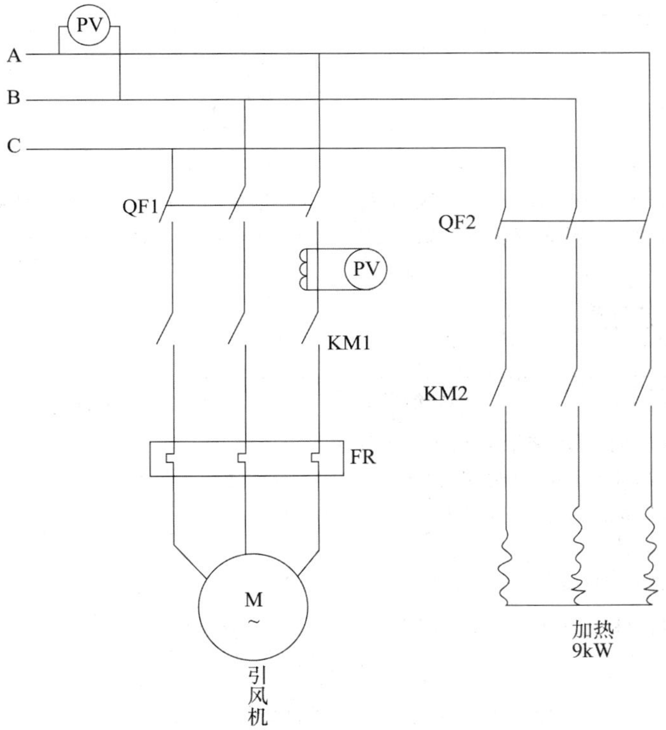

图4-1　风机所在三条主回路

（四）故障排除后试运行

检修结束后，及时清理检修场所，对搭设的作业操作台、接设的电源全部拆除，做到工完室净。

检修结束调试正常后，在未交付操作人员使用前，不得拆除悬挂的各种“警告牌”和开启切断的物料管道阀门。

经检查检修的项目、检修质量符合标准，验收签字后方可拆除悬挂的“警告牌”，凡是拆除警告牌的均已认为有电，有能源供给，检修单位不得进入设备以及检查传动装置。

（五）填写设备修理记录表

设备维护保养记录（维修日志）

____年		设备名称	故障情况	故障	维修、保养确认	
月	日	（填简称及编号）	概述	处理	维修人员	使用人员

备注：此表为设备设施的维修履历表；设备使用人员发现故障情况后应记录、并联系维修处理和确认处理结果；设备维修责任人在应急维修、定期保养需做维修处理时和计划维修后应填写记录情况，且应经操作人员确认。

六、评价与反馈

序号	评价内容	评价标准	分值	自评得分	教师评分
1	知识准备	（1）能说出沸腾干燥制粒机控制原理 （2）能说出沸腾干燥制粒机常见故障的判断方法 （3）能说出公司设备维修安全管理规程的要点 （4）能说出沸腾干燥制粒机的常见故障 （5）能读懂沸腾干燥制粒机电气控制原理图	15		
2	接收任务	接收检修任务，明确检修类别和检修内容以及检修时间，组织人员召开会议，并形成会议纪要	15		
3	任务实施	（1）成立检修组，检修组负责人召集检修组成员熟悉检修现场环境和安全作业条件，拟定《安全检修措施》和应急预案	20		
4		（2）检修准备　①检修工具准备；②检修设备对应的资料准备；③检修人员安全教育；④根据设备故障现象，拟定设备检修技术方案	20		
5		（3）对设定的电气故障进行判断、排查，能够在规定的时间内准确找出故障并排除	20		
6	资料归档	填写《设备维护保养记录（维修日志）》并将资料归档	10		
合计					

实训任务 4-2　NJP-2000B 型胶囊充填机常见故障判断和排除

一、学习目标

1. 理解全自动胶囊充填机的控制原理。
2. 熟悉全自动胶囊充填机的常见故障判断。
3. 能够及时对全自动胶囊充填机常见故障进行排除。
4. 具备举一反三的思考能力。

二、任务描述

设备科接到设备报修电话，车间的胶囊充填机胶囊插劈，要求设备维修人员进行维修。

三、获取资讯

（一）NJP-2000B型全自动胶囊充填机操作规程

<table>
<tr><td colspan="5">NJP-2000B型全自动硬胶囊充填机使用标准操作规程</td></tr>
<tr><td>文件编码</td><td colspan="4">SOP-05-142-01</td></tr>
<tr><td colspan="5">文件形成及控制：</td></tr>
<tr><td></td><td>部门</td><td>姓名</td><td>签名</td><td>日期</td></tr>
<tr><td>起草人</td><td>设备管理部</td><td></td><td></td><td>年　月　日</td></tr>
<tr><td>审核人</td><td>设备管理部</td><td></td><td></td><td>年　月　日</td></tr>
<tr><td>审核人</td><td>质量管理部</td><td></td><td></td><td>年　月　日</td></tr>
<tr><td>批准人</td><td>生产负责人</td><td></td><td></td><td>年　月　日</td></tr>
<tr><td>执行日期</td><td colspan="4">年　月　日</td></tr>
<tr><td rowspan="2">颁发部门</td><td colspan="2">GMP文件办</td><td colspan="2">年　月　日</td></tr>
<tr><td colspan="2">存档（书面、电子文档）各2份</td><td>颁发份数</td><td>各部门1份，共2份</td></tr>
<tr><td>分发部门</td><td colspan="4">物控管理部[　]　质量管理部[√]　生产管理部[√]
设备管理部[√]　营销管中心[　]　财务管理部[　]
企业管理部[　]</td></tr>
</table>

1. 目的　建立NJP-2000B型全自动硬胶囊充填机的标准操作规程与维护维保规程，以保证设备的规范操作与人机安全。

2. 范围　适用于NJP-2000B型全自动硬胶囊充填机的使用操作。

3.职责

（1）设备管理人员负责NJP-2000B型全自动硬胶囊充填机的标准操作规程的起草与修订。

（2）设备管理部负责人负责对NJP-2000B型全自动硬胶囊充填机的标准操作规程审核。

（3）岗位操作人员须严格按照标准操作规程进行岗位操作。

4.内容

（1）开机前准备工作

1）更换设备状态标识，将“正常”标识更换为“运行”。

2）每班使用前，应对胶囊充填机进行电源开关（按钮）通断检查，保证电源开关（按钮）具有良好的通断能力。

3）每班使用前，应对药粉感应光电头进行擦拭处理，防止在使用过程中因灵敏度等原因造成假缺料现象。

4）每班使用前，应对各转动部件进行紧固检查，防止在使用过程中出现松动或滑落等现象，避免对机器本身造成损伤。

5）每班使用前，应对梳齿进行检查，观察梳齿是否有较大磨损，有无缺齿等现象。

6）每班使用前，对动力电机的传动皮带进行磨损检查，当磨损达到一定程度时应及时更换处理，防止在使用过程中传动力不足等现象。

7）每班使用前，应对传动链条进行加油润滑处理，防止干涩等现象对机器设备本身造成损伤。

8）调整胶囊料斗，根据工艺需要，改变胶囊深度，确保顺利下囊，胶囊深度大约为出口高度的一半即可。

9）调整扣囊簧片，拧松限位块紧固螺栓，调整限位块，以确保顺序叉每次排除一粒胶囊即可。

10）上下模块对中调整，必须确保每对模块对中，调整方法参照使用说明书。

11）检查计量盘与铜盘间隙，应为0.05~0.10mm。

12）检查刮粉器与计量盘间隙，应为0.05~0.10mm。

13）点动控制，使所有充填杆入孔，并保证1至5工位充填杆没入计量盘的深度不宜过深，存在一定的间隙。

14）调整药粉高度传感器，使其最小高度必须大于计量盘的厚度，最大高度小于40mm。

15）检查锁合板与上模块孔中胶囊最高点间隙为0.2 ~ 0.3mm。

16）点动控制2~3圈，机器应运转灵活，无卡碰。

（2）开机运行

1）接通电源、水源，电源指示灯亮。

2）轻按生产按钮，进入生产界面。

3）轻按吸尘器、真空泵启动按钮，吸尘器、真空泵开始运转。

4）轻按点动按钮，机器开始低速运转，松开机器停止。

5）1~2分钟后，确认机器运转良好，轻按运行按钮，机器自动运转。

6）轻按生产界面中的加速按钮，使生产速度达到所期望的生产值（但其最大生产速度不得大于最高生产速度的90%）。

（3）操作结束停机

1）轻按生产界面中的减速按钮，使机器低速运行。

2）按下主机停止按钮。

3）待主机完全停止后，再按下真空泵、吸尘器停止按钮。

4）切断电源、水源。

（4）注意事项

1）操作时，应关好防护门。

2）故障处理应在停机状态，用手动方式确定故障位置和性质后方可处理。

3）严禁充填速度达到最高速度的90%以上，否则将损坏机器。

4）严禁开机后，再打开水源，否则将损坏真空泵。

5）机器在运转过程中发生意外情况，可用应急按钮紧急关机。

（5）设备清洁　执行《NJP-2000B型全自动硬胶囊充填机清洁规程》。

（二）全自动胶囊充填机常见故障及处理方法

故障现象	产生原因	处理方法
胶囊充填机囊壳无法分离	（1）胶囊充填机囊壳自身的原因，需要更换胶囊充填机囊壳 （2）真空过小，看胶囊充填机真空表可以看出 （3）模块与囊壳分离器间隙过大 （4）模块没对好 （5）药粉太黏将模块堵住	胶囊充填机真空泵自身的原因，找检修人员维修，或更换胶囊充填机真空泵。真空泵连接囊壳分离出的气管破裂，更换胶囊充填机气管。真空泵过滤膜堵住，清理过滤膜。还有水流量过小等原因，更换大一点的水流管道。具体问题需要具体分析
胶囊充填机胶囊插劈	（1）胶囊自身的原因，胶囊充填机囊帽与囊体差异过大，需要更换囊壳 （2）模块上残留的药粉过多 （3）安装模块时，上下模没有对正	（1）需要更换囊壳 （2）需要清洗模块 （3）重新对正模块
真空调节螺杆动作松动	主动轴承与轴承座间隙大，在运行时轴承外圈与轴承座打滑。造成分开胶囊机构上的真空调节螺杆动作松动，对其他动作产生干涉	（1）垫薄铜片，临时使用，效果会好一些，待原厂家配件到齐再更换（首选） （2）利用厌氧胶黏紧，但下次拆卸时需要将轴承跟轴承座加热才拆得出来，属于一次性维修 （3）由于轴承上看不到型号，需要拆卸才能量尺寸，建议找厂家购买
有震动、异响	转盘机构停止时沉闷、震动严重，造成胶囊装量不稳定；产量无法提高	（1）更换链条及链扣、半扣若干 （2）校正分开胶囊机构凸轮 （3）校正安全离合器压力 （4）建议将轴拿到车床上加工，减小端面粗糙度、增加端面垂直度，有利于安装

（三）胶囊充填机电气控制原理

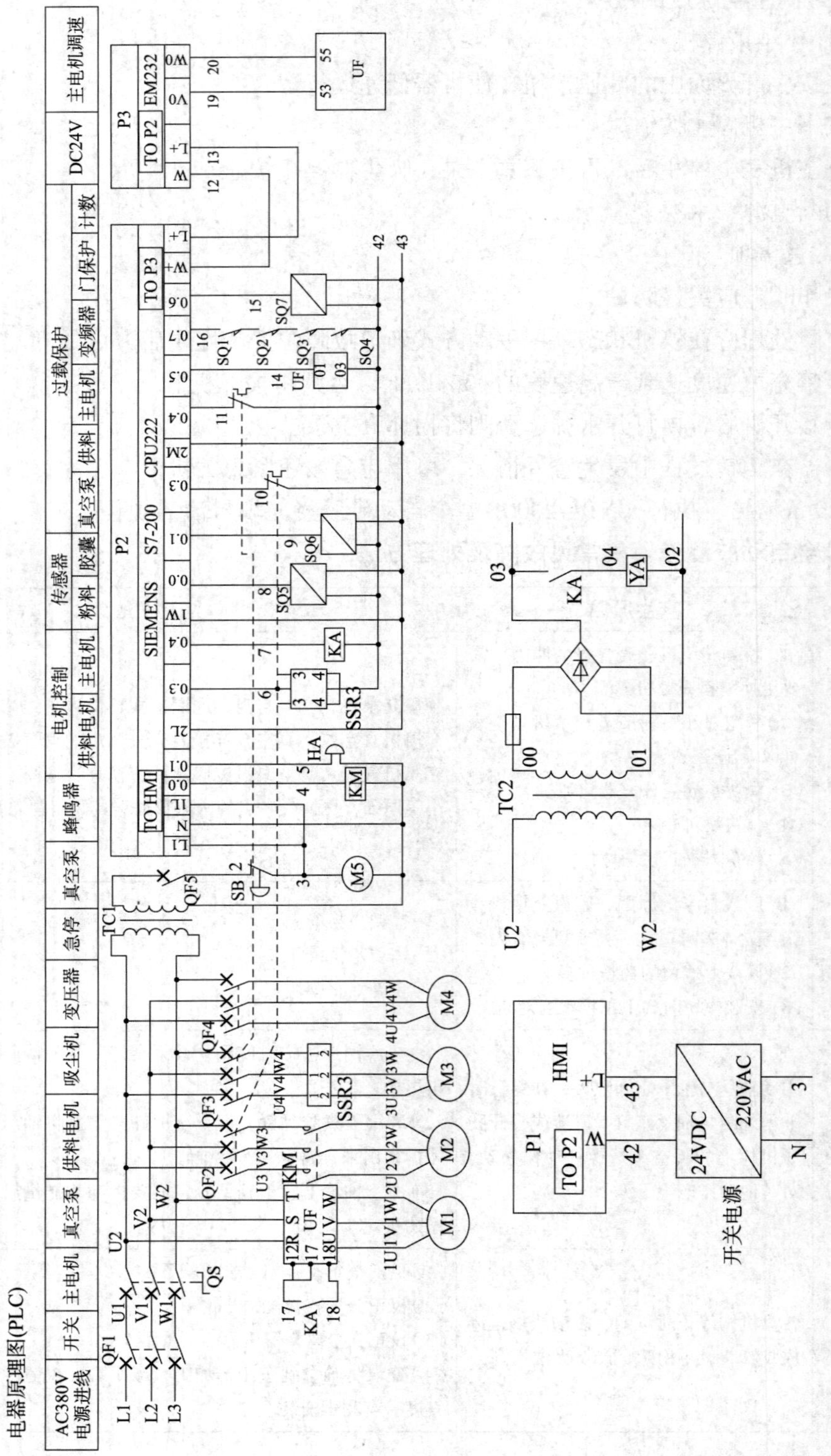

1.胶囊充填机电力拖动及控制要求 由胶囊充填机结构分析，胶囊充填机的动作大致有以下四种：①主运动，主电机的旋转运动带动工作转台的旋转；②真空泵的运转，使水进行循环；③供料电机的运转，在需要供料时将物料料斗中的药粉供给定量螺杆，或者在需要供空胶囊时向下提供空胶囊；④吸尘机的运转，使用吸尘装置对工作台模块进行吸尘清洁。

2.胶囊充填机的电气控制电路分析

（1）主电路分析 胶囊充填机的主电路由四条电路组成，分别是主电机、真空泵电机、供料电机和吸尘机电机电路。

主电路中主电机M1由电流继电器KA控制，并且PLC控制其调速。

真空泵电机M2由交流接触器KM控制，并且由断路器QF2控制电源通断。

供料电机M3由固态继电器SSR3进行控制，当控制线路有信号通过，固态继电器导通，M3从而运转，同时也由断路器QF3控制电源通断。

吸尘机电机M4由断路器QF4直接控制电源通断，闭合QF4，M4得电运转，进行吸尘。

（2）控制电路分析 整个胶囊充填机的控制由PLC完成，控制系统的电源由主回路中电源经过变压器变压成24V的直流电源供入PLC。当要运行胶囊充填机，首先接通水源、电源，合上QF1和QS，电源指示灯亮，关闭四个防护门，对应的行程开关SQ1、SQ2、SQ3、SQ4常开触点闭合，按下生产按钮QF5和打开急停开关，进入生产界面。在胶囊和物料料斗内分别加入空胶囊和药粉，调节胶囊定量螺母，打开主机和供药开关，让空胶囊进入排序孔，药粉进入定量盘上控制胶囊和粉料的传感器行程开关SQ6、SQ5接通，药粉感应灯亮后，关闭供药。按下真空泵按钮PLC输出KM线圈得电，KM常开主触点闭合控制真空泵电机运转。按下胶囊出囊挡杆，放出两组胶囊后拉出挡杆，胶囊装填后，打开玻璃门取出称量药粉，符合要求后将设备运转设置为自动运转。主电机的调速由PLC程序进行控制。工作转台的制停设置有抱闸电磁铁，当主电机时启动时，中间继电器KA线圈得电，其常开触点KA闭合，电磁铁得电，抱闸打开从而工作转台在电动机的带动下转动，当继电器KA失电，KA常开触点断开，电磁铁失电，抱闸闭合从而使工作转台可靠停止。

（四）万用表的操作方法

万用表又叫多用表、三用表、复用表，是一种多功能、多量程的测量仪表，一般万用表可测量直流电流、直流电压、交流电压、电阻和音频等，有的还可以测交流电流、电容量、电感量及半导体等是一种简单实用的测量仪器。测量步骤如下。

（1）断开电源，保证所测量部位不带电。

（2）将万用表调到200 Ω 电阻档或者通断档位。

（3）电阻挡位时，测量结果为“1”说明电路完全断开，结果为“0”或接近0，说明电路通。

（4）若在通断档位时，万用表蜂鸣器响。

四、问题引导

1.如何使用万用表判断电路的通断？

____

____

2.万用表测试电阻的大小来判断电路的通断是什么原理？

____

____

3.胶囊充填机可能还存在哪些故障？

____

____

五、任务实施

（一）明确任务

接收检修任务，明确检修类别和检修内容以及检修时间，如果是较大项目检修，成立大修指挥部，明确维护主体，落实参与本次检修的人员，指定当班检修安全责任人。

（二）拟定安全措施

根据成立的检修组，检修组负责人召集检修组成员熟悉检修现场环境和安全作业条件，拟定好安全检修措施。

（三）现场故障检查与排除

做好准备的前提下来到制药设备车间，针对出现故障的胶囊充填机进行观察，该设备部件齐全，工位干净整洁。送电后电源指示灯亮，设备能够运转，但是工作过程中存在胶囊插劈现象。

停机关掉电源，检查胶囊囊帽和囊体是否差异过大，如果确实过大，可能是胶囊本身的问题，需要更换胶囊囊壳。如果胶囊差异不大并且正常，继续检查模块上的残留药粉，看看是否过多，过多的话需要清洗模块。检查模块安装情况，是否存在上下模没有对正的情况，如果没有对正需要重新对正模块，直到调试杆能够自动落位。如果以上情况都不存在，可以尝试稍微缩短上模与顶板之间的距离，再进行试生产，直到生产正常为止。

（四）故障排除后试运行

检修结束后，及时清理检修场所，对搭设的作业操作台，接设的电源全部拆除，做到工完室净。

检修结束在调试正常后，在未交付操作人员使用前，不得拆除悬挂的各种“警告牌”和开启切断的物料管道阀门。

经检查检修的项目、检修质量符合标准，验收签字后方可拆除悬挂的“警告牌”，凡是拆除警告牌的均已认为有电，有能源供给，检修单位不得进入设备以及检查传动装置。

（五）填写设备修理记录表

设备维护保养记录（维修日志）

____年		设备名称	故障情况	故障	维修、保养确认	
月	日	（填简称及编号）	概述	处理	维修人员	使用人员

备注：此表为设备设施的维修履历表；设备使用人员发现故障情况后应记录、并联系维修处理和确认处理结果；设备维修责任人在应急维修、定期保养需做维修处理时和计划维修后应填写记录情况，且应经操作人员确认。

六、评价与反馈

序号	评价内容	评价标准	分值	自评得分	教师评分
1	知识准备	（1）能说出胶囊充填机的工作原理 （2）能说出胶囊充填机常见故障的判断方法 （3）能说出公司胶囊充填机操作的要点 （4）能说出胶囊充填机的常见故障 （5）能读懂胶囊充填机的电气控制原理图	15		
2	接收任务	接收检修任务，明确检修类别和检修内容以及检修时间，组织人员召开会议，并形成会议纪要	15		

续表

序号	评价内容	评价标准	分值	自评得分	教师评分
3	任务实施	(1)成立检修组，检修组负责人召集检修组成员熟悉检修现场环境和安全作业条件，拟定《安全检修措施》和应急预案	20		
4		(2)检修准备 ①检修工具准备；②检修设备对应的资料准备；③检修人员安全教育；④根据设备故障现象，拟定设备检修技术方案	20		
5		(3)对设定的电气故障进行判断、排查，能够在规定的时间内准确找出故障并排除	20		
6	资料归档	填写《设备维护保养记录(维修日志)》并将资料归档	10		
合计					

参考文献

[1] 杨宗发,董天梅.药物制剂设备[M].北京:中国医药科技出版社，2021.
[2] 周长征.中药制药工程原理与设备[M].北京:中国中医药出版社，2021.
[3] 李正.中药制药设备与车间设计[M].北京:中国中医药出版社，2021.
[4] 刘永忠,刘荣华.中药制药设备与车间设计[M].北京:中国中医药出版社，2022.
[5] 郭永学.制药设备与车间设计[M].北京:中国医药科技出版社，2020.
[6] 于天明，朱国民.制药设备使用与维护[M].北京:中国医药科技出版社，2020.
[7] 杨宗发，庞心宇.常用制药设备使用与维护[M].北京:高等教育出版社，2021.